中国科协碳达峰碳中和系列丛书　　中国科学技术协会　丛书主编

CARBON

新型电力系统导论

舒印彪 ◎ 主编

康重庆 ◎ 执行主编

中国科学技术出版社

·北　京·

图书在版编目（CIP）数据

新型电力系统导论 / 舒印彪主编；康重庆执行主编 . -- 北京：中国科学技术出版社，2022.5（2024.4 重印）

（中国科协碳达峰碳中和系列丛书）

ISBN 978-7-5046-9549-9

Ⅰ. ①新… Ⅱ. ①舒… ②康… Ⅲ. ①电力系统 Ⅳ. ① TM7

中国版本图书馆 CIP 数据核字（2022）第 059514 号

责任编辑　何红哲
封面设计　中文天地
正文设计　中文天地
责任校对　吕传新
责任印制　徐　飞

出　　版　中国科学技术出版社
发　　行　中国科学技术出版社有限公司发行部
地　　址　北京市海淀区中关村南大街 16 号
邮　　编　100081
发行电话　010-62173865
传　　真　010-62173081
网　　址　http://www.cspbooks.com.cn

开　　本　787mm × 1092mm　1/16
字　　数　208 千字
印　　张　11
版　　次　2022 年 5 月第 1 版
印　　次　2024 年 4 月第 4 次印刷
印　　刷　北京长宁印刷有限公司
书　　号　ISBN 978-7-5046-9549-9 / TM · 42
定　　价　59.00 元

“中国科协碳达峰碳中和系列丛书”
编 委 会

《新型电力系统导论》编写组

组　　长

舒印彪　中国工程院院士，中国电机工程学会理事长，第36届国际电工委员会主席

成　　员（按姓氏笔画排序）

王成山　中国工程院院士，天津大学教授
王锡凡　中国科学院院士，西安交通大学教授
卢　强　中国科学院院士，清华大学教授
刘吉臻　中国工程院院士，华北电力大学原校长
江　亿　中国工程院院士，清华大学建筑学院教授
李立浧　中国工程院院士，中国南方电网公司专家委员会主任委员
吴宜灿　中国科学院院士，中国科学院大学教授
余贻鑫　中国工程院院士，天津大学教授
周孝信　中国科学院院士，中国电力科学研究院有限公司名誉院长
饶　宏　中国工程院院士，南方电网科学研究院有限责任公司董事长
郭剑波　中国工程院院士，国家电网有限公司一级顾问
韩英铎　中国工程院院士，清华大学教授

主　　编

舒印彪　中国工程院院士，中国电机工程学会理事长，第36届国际电工委员会主席

执行主编

康重庆　清华大学教授，电机工程与应用电子技术系主任

写作组主要成员

戴　璟　杜尔顺　郭鸿业　方宇娟　鲁　刚　元　博　夏　鹏

王晓晨　刘建明　李武峰　何永君　陈羽飞　邱　枫　罗舒瀚

刘　嘉　张兆华　李庆峰　陆振纲　裴哲义　朱建军　臧志斌

许树楷　李　鹏　刘世宇　肖晋宇　周朝阳　孙长平　赵　儆

常　垚　安仲勋　毕天姝　王剑晓　贾宏杰　董旭柱　别朝红

何正友　陈浩森　吴玉庭　宋文吉　谢　枫

总　序

进入新时代，中国政府矢志不渝地坚持创新驱动、生态优先、绿色低碳的发展导向。2020年9月，习近平主席在第七十五届联合国大会上郑重宣布，中国“二氧化碳排放力争于2030年前达到峰值，努力争取2060年前实现碳中和”。年初，习近平主席在2022年世界经济论坛视频会议上进一步明确，“实现碳达峰碳中和是中国高质量发展的内在要求，也是中国对国际社会的庄严承诺”。

“双碳”战略是以习近平同志为核心的党中央统筹国内国际两个大局作出的重大决策，是我国破解资源环境约束、实现可持续发展的迫切需要，是顺应技术进步趋势、推动经济结构转型升级的迫切需要，是满足人民群众对优美生态环境需求、促进人与自然和谐共生的迫切需要，也是主动担当大国责任、推动构建人类命运共同体的迫切需要。“双碳”战略事关全局、内涵丰富，必将引发一场广泛而深刻的经济社会系统性变革。

为全面落实党中央、国务院关于“双碳”战略的有关部署，充分发挥科协系统的人才、组织优势，助力相关学科建设和人才培养，服务经济社会高质量发展，中国科协组织相关全国学会，组建了由各行业、各领域院士专家参与的编委会，以及由相关领域一线科研教育专家和编辑出版工作者组成的编写团队，编撰“双碳”系列丛书。丛书将服务于高等院校教师和相关领域科技工作者教育培训，并为“双碳”战略的政策制定、科技创新和产业发展提供参考。

“双碳”系列丛书内容涵盖了全球气候变化、能源、交通、钢铁与有色金属、石化与化工、建筑建材、碳汇与碳中和等多个科技领域和产业门类，对实现“双碳”目标的技术创新和产业应用进行了系统介绍，分析了各行业面临的重大任务和严峻挑战，设计了实现“双碳”目标的战略路径和技术路线，展望了关键技术的发展趋势和应用前景，并提出了相应政策建议。丛书充分展示了各领域关于“双碳”研究的最新成果和前沿进展，凝结了院士专家和广大科技工作者的智慧，具有较高的战略性、前瞻性、权威性、系统性、学术性和科普性。

本世纪以来，以脱碳加氢为代表的能源动力转型方向和技术变革路径更加明确。电力和氢能作为众多一次能源转化、传输与融合交互的能源载体，具有来源多样化、驱动高效率和运行零排放的技术特征。由电力和氢能驱动的动力系统，不受地域资源限制，也不随化石燃料价格起伏，有利于维护能源安全、保护大气环境、推动产业转型升级，正在全球能源动力体系中发挥越来越重要的作用，获得社会各界的共识。本次首批出版的《新型电力系统导论》《清洁能源与智慧能源导论》《煤炭清洁低碳转型导论》3 本图书分别邀请中国工程院院士舒印彪、刘吉臻、彭苏萍担任主编，由中国电机工程学会、中国能源研究会、中国煤炭学会牵头组织编写，系统总结了相关领域的创新、探索和实践，呼应了“双碳”的战略要求。参与编写的各位院士专家以科学家一以贯之的严谨治学之风，深入研究落实“双碳”目标实现过程中面临的新形势与新挑战，客观分析不同技术观点与技术路线。在此，衷心感谢为图书组织编撰工作作出贡献的院士专家、科研人员和编辑工作者。

期待“双碳”系列丛书的编撰、发布和应用，能够助力“双碳”人才培养，引领广大科技工作者协力推动绿色低碳重大科技创新和推广应用，为实施人才强国战略、实现“双碳”目标、全面建设社会主义现代化国家作出贡献。

中国科协主席　万　钢

2022 年 5 月

前言

2020年9月22日，中国国家主席习近平在第七十五届联合国大会一般性辩论上宣布："中国将提高国家自主贡献力度，采取更加有力的政策和措施，二氧化碳排放力争于2030年前达到峰值，努力争取2060年前实现碳中和。"2021年3月，习近平主席在中央财经委员会第九次会议上指出"要着力提高利用效能，实施可再生能源替代行动，深化电力体制改革，构建以新能源为主体的新型电力系统"。构建新型电力系统，促进电力领域脱碳，是推动能源清洁低碳转型、实现"双碳"目标的必由之路。

为全面落实党中央、国务院关于"双碳"工作有关部署和习近平主席在中央人才工作会议上的重要讲话精神，中国电机工程学会按照中国科学技术协会的部署，自2021年12月开始，着手组织专家编写"双碳"系列丛书，协助开展高等学校"双碳"相关专业师资教育培训，助力"双碳"相关专业建设和人才培养，服务党和国家"双碳"工作大局，促进经济社会高质量发展，为如期实现"双碳"目标贡献力量。本书面向的主要读者群体包括但不限于：高等院校"双碳"相关专业的教师和学生、碳中和未来技术学院和示范性能源学院负责人等。

全书共分为8章。第1章介绍"双碳"目标提出的时代背景和战略意义，新型电力系统的核心内涵、基本特征、与传统电力系统相比的变化，并给出"源、网、荷、储、共性关键支撑"的技术结构分析。第2章介绍新型电力系统的演化路径与构建举措，阐明了电力系统低碳转型路径。第3章介绍新型电力系统中的清洁低碳化能源生产技术。第4章介绍新型电力系统中的电网技术。第5章介绍新型电力系统中负荷侧的能源高效利用技术。第6章主要介绍新型电力系统中的能量高效存储。第7章介绍新型电工材料、器件、电网数字化、高性能仿真计算与求解、电力北斗、电力网络碳流分析等共性关键支撑技术在新型电力系统中的应用。第8章介绍与新型电力系统相适应的市场机制。

本书主编为中国工程院院士、中国华能集团有限公司党组书记、董事长，国际电工委员会主席，中国电机工程学会理事长舒印彪，执行主编为清华大学电机工程与应用电子技术系主任康重庆。本书主体框架和部分内容参考了中国工程院重大咨询专项“我国碳达峰碳中和战略及路径研究”的子课题3“电力行业碳达峰碳中和实施路径研究”，以及科学技术部高新技术司、工业和信息化部产业发展促进中心委托清华大学牵头完成的《新型电力系统技术研究报告》的成果。第1章由清华大学戴璟，国网能源研究院有限公司夏鹏、元博、王晓晨统筹编写；第2章由国网能源研究院有限公司鲁刚、元博、夏鹏、王晓晨统筹编写；第3章由清华大学戴璟统筹编写；第4章由国网能源研究院有限公司王晓晨、元博、夏鹏统筹编写；第5章、第6章由清华大学方宇娟统筹编写；第7章由清华大学杜尔顺统筹编写；第8章由清华大学郭鸿业统筹编写。中国电机工程学会刘建明、李武峰、何永君、陈羽飞也深度参与了本书编写过程中的讨论和修改工作。此外，科学技术部高新技术司邱枫、罗舒瀚，工业和信息化部产业发展促进中心刘嘉、张兆华，国家电网李庆峰、陆振纲、裴哲义、朱建军、臧志斌，南方电网许树楷、李鹏，电力规划设计总院刘世宇，全球能源互联网发展合作组织肖晋宇，中国华能集团有限公司周朝阳，中国长江三峡集团有限公司孙长平，特变电工股份有限公司赵儆，华为数字能源股份有限公司常垚，上海奥威科技开发有限公司安仲勋，华北电力大学毕天姝、王剑晓，天津大学贾宏杰，武汉大学董旭柱，西安交通大学别朝红，西南交通大学何正友，北京理工大学陈浩森，北京工业大学吴玉庭，中国科学院广州能源研究所宋文吉，以及国网新源控股有限公司谢枫等专家和领导也参加了本书部分章节的编写工作，在此谨向他们表示衷心的感谢！

由于笔者水平有限，书中难免有局限和不足之处，欢迎广大专家和读者不吝指正。

舒印彪

2022年4月

目 录

第 1 章 “双碳”目标与新型电力系统

“双碳”目标下构建新型电力系统，能够为推动能源供给侧、消费侧清洁低碳转型提供不竭动力，也能为新业态发展、产业链延伸提供新动能。新型电力系统以绿色低碳、安全可控、智慧灵活、开放互动、数字赋能、经济高效为基本特征，结构上有更强新能源消纳能力，形态上源网荷储深度融合互动，技术上各环节数字化和智能化，经济上电力和碳市场协同发展。另外，受到一次能源特性变化，构建新型电力系统也将给传统电力系统的电源布局与功能、网络规模与形态、负荷结构与特性、电网平衡模式和电力系统技术基础带来深刻调整，需要加快构建新型电力系统关键技术架构。

1.1 “双碳”目标的时代背景和战略意义

1.1.1 “双碳”目标的国际背景

在应对气候变化的全球化合作进程中，每个国家的国情和所处发展阶段不同，实现自身可持续发展中所面临的突出问题和矛盾各异，在全球气候治理中的责任和定位也不断演化。1992 年联合国环境与发展大会上达成的《联合国气候变化框架公约》是全球气候治理的根本性法律文件，其确立了“共同但有区别的责任”原则，要求发达国家要率先减排，并为发展中国家适应和减缓气候变化提供资金、技术和能力建设支持。1997 年缔约方会议通过的《京都议定书》为发达国家规定了一期（2008—2012 年）减排目标，即在 1990 年排放量的基础上平均减少 5.2%，但没有为发展中国家规定减排或限排义务。2007 年缔约方会议通过“巴厘岛路线图”，启动“双轨”谈判进程，但由于分歧过大,《京都议定书》二期谈判并未形成有法律效力的协定。2015 年通过的《巴黎协定》则淡化了发达国家和发展中国家责任义务的区分，构建了“自下而上”自主贡献减排机制，鼓励各国制定并提交长期温室气体减排发展战略，同时还提出了全球平均气温较工业化前水平升高幅度控制在2℃之内的目标，并努力将升温控制在1.5℃以内。协议基于该目标提出21世纪下半叶实现温室气体源的人为排放与汇的清除之间的平衡，这一平衡通常称为净零排放或碳中和[①]。

2018年，联合国政府间气候变化专门委员会发布了“全球升温1.5℃特别报告”，报告显示，全球升温2℃的真实影响将比预测中的更为严重，并指出1.5℃温升控制目标与2℃温升相比，能避免大量因气候变化带来的损失与风险，但减排进程将更加紧迫，2030年比当前需减排45%，21世纪中叶将实现全球温室气体净零排放。该报告更加凸显应对气候变化的紧迫性，强化并推进了全球实现碳中和的目标导向。

截至2020年年底，包括中国、欧盟、日本等在内的30个国家或地区以纳入国家法律、提交协议或政策宣示的方式正式提出了碳中和及气候中和的相关承诺（表1.1），目标提出国主要是欧洲国家，但多数国家的碳中和承诺仍缺少支撑其具体落实的政策文件。另外，有56个国家仅以口头承诺等方式提出碳中和目标，未给出目标的详细信息。

表 1.1　各国提出的碳中和目标

时间（年）	法律目标	政策目标	协议目标
2030			乌拉圭
2035			芬兰
2040		冰岛、奥地利	
2045	瑞典		
2050	英国、德国、法国、丹麦、西班牙、匈牙利等	挪威、爱尔兰、日本、韩国、加拿大、智利、瑞士、南非等	葡萄牙、斐济、马绍尔群岛等
2060		中国	

1.1.2 “双碳”目标的国内环境

中国积极应对全球气候变化，践行人类命运共同体理念，提出碳达峰碳中和（“双碳”）战略目标并不断完善相关实践路径和政策措施。2020年9月22日，中国国家主席习近平在第七十五届联合国大会一般性辩论上宣布：“中国将提高国家自主贡献力度，采取更加有力的政策和措施，二氧化碳排放力争于2030年前达

① 碳中和一般指《京都议定书》中规定的六种温室气体（二氧化碳、甲烷、氧化亚氮、氢氟碳化合物、全氟碳化合物和六氟化硫）的净零排放，狭义上指二氧化碳的净零排放。

到峰值，努力争取2060年前实现碳中和。”2021年3月，习近平主席在中央财经委员会第九次会议上指出：“实现碳达峰、碳中和是一场广泛而深刻的经济社会系统性变革，要把碳达峰、碳中和纳入生态文明建设整体布局，拿出抓铁有痕的劲头，如期实现2030年前碳达峰、2060年前碳中和的目标。”此外，会议还提出了“构建以新能源为主体的新型电力系统”。

中国政府积极出台相关政策文件，为推动“双碳”目标落地实施提供支撑与保障。2020年10月，十九届五中全会通过了《中共中央关于制定国民经济和社会发展第十四个五年规划和二〇三五年远景目标的建议》，提出“加快推动绿色低碳发展，降低碳排放强度，支持有条件的地方率先达到碳排放峰值，制定二〇三〇年前碳排放达峰行动方案”，还提出“广泛形成绿色生产生活方式，碳排放达峰后稳中有降”。2021年10月，《中共中央 国务院关于完整准确全面贯彻新发展理念做好“双碳”工作的意见》《国务院关于印发2030年前碳达峰行动方案的通知》两份文件发布，共同构成了“双碳”“1+N”政策体系的顶层设计，后续各地区、各行业还将细化分解目标，出台相应的行动方案，共同构成“双碳”工作的路线图、时间表。

1.1.3 “双碳”目标下构建新型电力系统的重要意义

实现“双碳”目标，能源是主战场，电力是主力军。经研究测算，2020年，我国二氧化碳排放量约116亿吨。其中，能源活动二氧化碳排放约101亿吨，占总二氧化碳排放量的87%左右，能源燃烧是我国主要的二氧化碳排放源；发电二氧化碳排放约40亿吨（不含供热碳排放），约占能源活动二氧化碳排放量的40%，约占二氧化碳总排放的35%。因此，大力发展以风能、太阳能为代表的新能源技术，构建新型电力系统，促进电力领域脱碳，将在推动能源清洁低碳转型、实现“双碳”目标中发挥关键作用。

构建新型电力系统，可以为推动能源供给侧、消费侧清洁低碳转型提供不竭动力。从能源供给侧看，发电成为一次能源转换利用的主要方向，预计到2060年发电用能占比将达到90%左右。另外，通过加快发展有规模、有效益的风能、太阳能、生物质能、地热能、海洋能、氢能等新能源，统筹水电开发和生态保护，积极安全有序发展核电，将推动构建清洁低碳、安全高效的能源供应体系。从能源消费侧看，电力将成为主要的终端用能消费品种，预计2060年终端用能消费中电力消费占比将达到70%以上，电力部门通过电能替代煤炭、油气等化石能源的直接使用，减少终端用能部门的直接碳排放，支撑终端用能碳排放的下降。从全局看，终端电气化是碳减排的重要途径，但同时也是将能源领域碳减排责任向电力系统转移的过程。因此，未来电力系统将为实现碳中和目标作出更加重要的贡献。

新型电力系统的产业经济带动作用强，发展新业态、延伸产业链提供新动能的潜力巨大。电力产业投资大、链条长、辐射面广，产业附加值高，可有效带动产业上下游企业协同发展，稳投资、保就业的经济社会效益显著。研究表明，近十年，每投资 1 元电力，能带动国民经济各部门产生 3~4 元的总需求。未来，能源转型将带动以新能源为核心的源端清洁化产业、以电能消费为核心的终端电气化产业以及电网装备制造产业加快发展，以能源产业数字化和能源数字产业化为代表，可有效拉动能源数字经济发展。据测算，“十四五”期间以电为中心的智慧能源产业规模将超过万亿元。

1.2 新型电力系统的核心内涵

新型电力系统是以确保能源电力安全为基本前提，以绿色电力消费为主要目标，以坚强智能电网为枢纽平台，以电源、电网、负荷、储能（简称源网荷储）互动及多能互补为支撑，具有绿色低碳、安全可控、智慧灵活、开放互动、数字赋能、经济高效等特征的电力系统。

新型电力系统需要依托数字化技术，统筹源网荷储资源，完善调度运行机制，多维度提升系统灵活调节能力、安全保障水平和综合运行效率，满足新能源开发利用、经济社会用电需求以及综合用能成本等综合性目标。

1.2.1 适应大规模高比例新能源的全面低碳化电力系统

低碳是新型电力系统的核心目标。习近平总书记在气候雄心峰会上已明确提出，到 2030 年，全国风电、太阳能发电总装机容量达到 12 亿千瓦以上。预计“十四五”时期我国新能源年均新增并网装机将在 1 亿千瓦以上。电力系统作为能源转型的中心环节，承担着更加迫切和繁重的清洁低碳转型任务，仅依靠传统的电源侧和电网侧调节手段，已经难以满足新能源持续大规模并网消纳的需求。新型电力系统亟须激发负荷侧和新型储能技术等潜力，形成源网荷储协同消纳新能源的格局，适应大规模高比例新能源的持续开发利用需求。

1.2.2 保障能源安全和社会发展的高度安全性电力系统

安全是新型电力系统的基本要求。当前我国多区域交直流混联的大电网结构日趋复杂，间歇性、波动性新能源发电接入电网规模快速扩大，新型电力电子设备应用比例大幅提升，极大地改变了传统电力系统的运行规律和特性。同时，人为极端外力破坏或通过信息攻击手段引发电网大面积停电事故等非传统电力安全风险增加。新型电力系统必须在理论分析、控制方法、调节手段等方面创新发展，应对日益加大的各类风险和挑战保持高度的安全性。

1.2.3 符合灵活开放电力市场体系的高效率电力系统

高效是新型电力系统的重要特征。目前我国电力系统在高效方面仍存在较多问题，单位 GDP 能耗是主要发达国家的 2 倍以上，电力设备利用率为主要发达国家的 80% 左右，源网荷脱节问题较严重。未来电力系统将充分市场化转型，形成以中长期市场为主体、现货市场为补充，涵盖电能量、辅助服务、发电权、输电权和容量补偿等多交易品种的灵活开放市场体系，充分调动系统灵活性，促进源网荷储互动，实现提升系统运行效率、全局优化配置资源的目标。新型电力系统需要加快数字化升级改造和智能化技术应用，推动规划、设计、调度、运行各个环节全面转型和革新，提高整体运行效率，适应灵活开放电力市场的构建需要。

1.3 新型电力系统的基本特征

1.3.1 结构特征：更强新能源消纳能力

水电、核电、风电、太阳能等清洁电源装机容量预计 2035 年、2050 年分别达到 20 亿千瓦、40 亿千瓦左右。预计 2050 年新能源装机占总装机比重超过 60%，发电量占总发电量比重接近 50%，与此相对应的同步电源占总装机比重和发电量占总发电量比重如图 1.1 所示。新能源发电通过配置储能、提高能量转换效率、提升功率预测水平、智慧化调度运行等手段，有效平抑新能源间歇

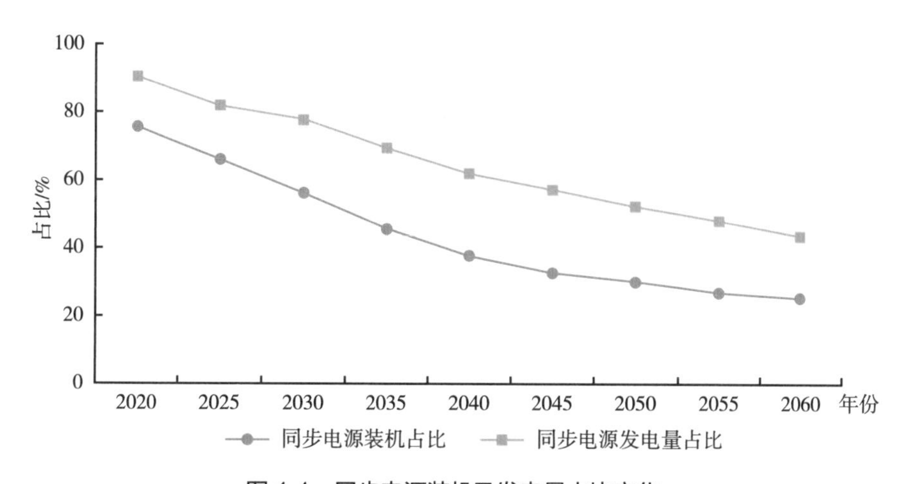

图 1.1 同步电源装机及发电量占比变化

性、波动性对电力系统带来的冲击，提升并网友好性、电力支撑能力以及抵御电力系统大扰动能力，容量可信度达到20%以上，成为“系统友好型”新能源电站。

1.3.2 形态特征：源网荷储深度融合互动

传统的“源随荷动”模式将通过市场机制得以改变，逐步实现源网荷深度融合、灵活互动。传统工业负荷灵活性大幅提升，电供暖、电制氢、数据中心、电动汽车充电设施等新型灵活负荷成为电力系统的重要组成部分。此外，我国资源禀赋与能源需求逆向分布的特点决定了“西电东送、北电南送”的电力资源配置基本格局，跨省跨区大型输电通道将进一步增加，重要负荷中心地区电力保障需要大电网支撑，“大电源、大电网”仍是电力系统的基本形态。分布式系统贴近终端用户，将成为保障中心城市重要负荷供电、支撑县域经济高质量发展、服务工业园区绿色发展、解决偏远地区用电等领域的重要形式，与“大电源、大电网”兼容互补。储能技术是解决可再生能源大规模接入和弃风、弃光问题的关键技术；是分布式能源、智能电网、能源互联网发展的必备技术；也是解决常规电力削峰填谷，提高常规能源发电与输电效率、安全性和经济性的重要支撑技术。储能是促进新能源高比例接入和消纳的最主要技术手段，因而也是构建新型电力系统的重要支撑。总体来看，电源侧新能源可提供可靠电力支撑，电网侧清洁电力灵活优化配置能力大幅提升，用户侧灵活互动和安全保障能力得到充分发挥。

1.3.3 技术特征：各环节数字化和智能化

新型电力系统将逐步由自动化向数字化、智能化演进。其中，依托先进量测、现代信息通信、大数据、物联网技术等，形成全面覆盖电力系统发、输、变、配、用全环节、及时高速感知、多向互动的“神经系统”；基于大规模超算、云计算等技术，大幅提升系统运行的模拟仿真分析能力，实现物理电力系统的数字孪生；基于人工智能等技术，升级智慧化的调控运行体系，打造新型电力系统的“中枢大脑”。

1.3.4 经济特征：电力和碳市场协同发展

全面建成适应新型电力系统的现代电力市场经济体系，实现绿色低碳电力优先消纳、交易品种丰富多样、市场主体多元参与、结算方式精细可溯、多市场数据互联互通的电力市场模式。电力市场经济体系与碳市场经济体系有机衔接，实现电力行业发展速度、碳市场控排力度、电力市场配置低碳化程度的有机统一，形成成熟的金融市场，实现终端用能行业、用能主体的全面覆盖以及电力市场和碳市场的协同发展。

1.4 构建新型电力系统给传统电力系统带来的变化

1.4.1 一次能源特性变化

风 / 光发电出力具有强随机性和波动性（图 1.2），随着风 / 光并网容量的持续增加，风 / 光多时空尺度功率预测及应用已成为电网运行控制的关键环节。我国现阶段的电源结构以煤电为主，调节速度慢、调节能力不足，对预测水平的要求更高；同时大规模集中开发的特点要求充分发挥大电网调节能力，促进可再生能源消纳。

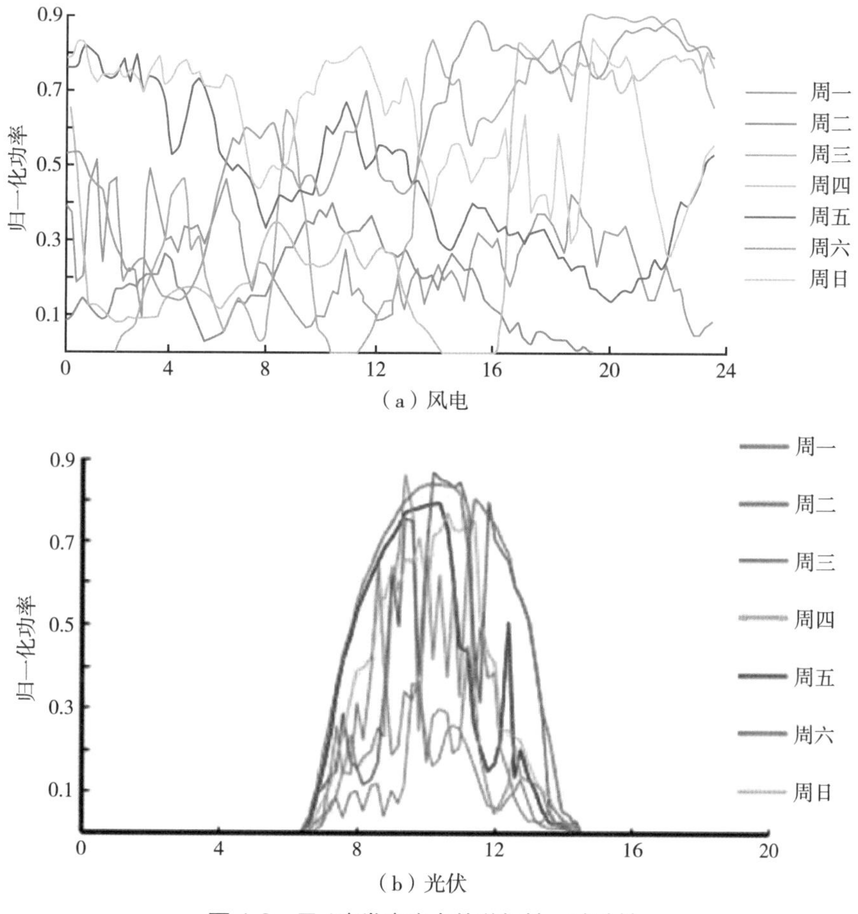

图 1.2 风 / 光发电出力的随机性、波动性

1.4.2 电源布局与功能变化

根据我国风能、太阳能的资源分布，新能源开发将以集中式与分布式并举（图 1.3），电源总体接入位置更加偏远、更加深入低电压等级。未来新能源不仅是电力电量的重要提供者，还将具备相当程度的主动支撑、调节与故障穿越等“构网”能力；常规电源功能则逐步转向调节与支撑。

（a）集中式光伏

（b）集中式风电

（c）农村分布式屋顶光伏

（d）工业园区分布式风电

图 1.3 新型电力系统中的集中式与分布式新能源开发

1.4.3 网络规模与形态变化

西部、北部地区的大型清洁能源基地向东中部地区负荷中心输电的整体格局不变，近期电网规模仍将进一步扩大。电网形态从交直流混联大电网向微电网、柔性直流电网等多种形态电网并存转变。

1.4.4 负荷结构与特性变化

能源消费高度电气化，用电需求持续增长。配电网有源化，多能灵活转换，“产消者”广泛存在，负荷从单一用电朝着发 / 用电一体化方向转变，调节支撑能力增强，如图 1.4 所示。

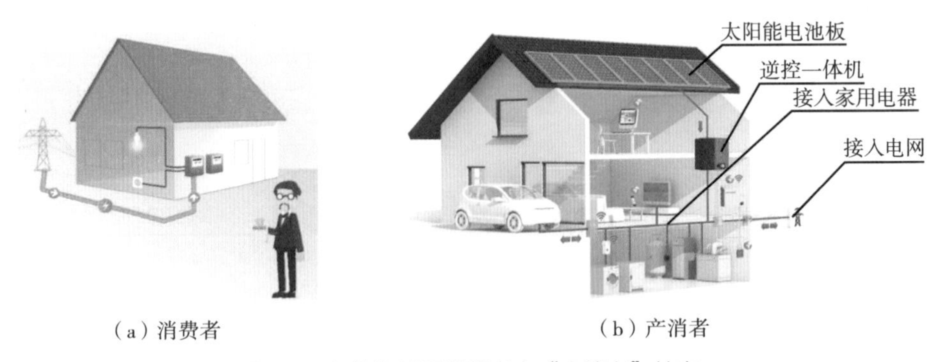

（a）消费者　（b）产消者

图 1.4 负荷从能源消费者向“产消者”转变

1.4.5 电网平衡模式变化

新型电力系统供需双侧均面临较大的不确定性，电力平衡模式由“源随荷动”的发 / 用电平衡转向储能、多能转换参与缓冲的更大空间、更大时间尺度范围内的平衡，如图 1.5 所示。

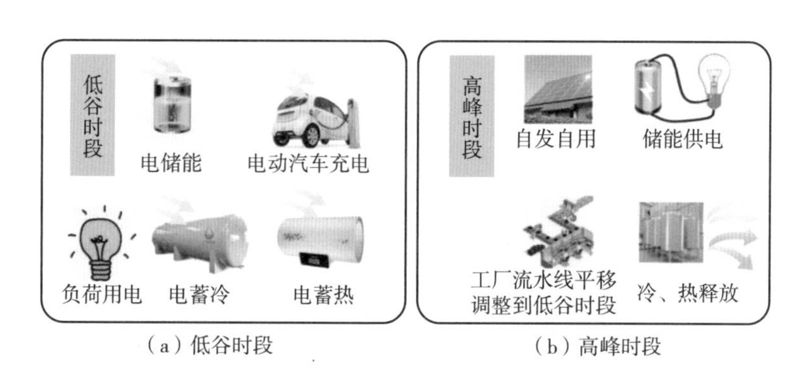

（a）低谷时段　（b）高峰时段

图 1.5 储能和多能转换参与缓冲，保障电网供需平衡

1.4.6 电力系统技术基础变化

电源并网技术由交流同步向电力电子转变，交流电力系统同步运行机理由物理特性主导转向人为控制算法主导；电力电子器件引入微秒级开关过程，分析认知由机电暂态向电磁暂态转变；运行控制由大容量同质化机组的集中连续控制向广域海量异构资源的离散控制转变；故障防御由独立“三道防线”向广泛调动源网荷储可控资源的主动综合防御体系转变，如图 1.6 所示。

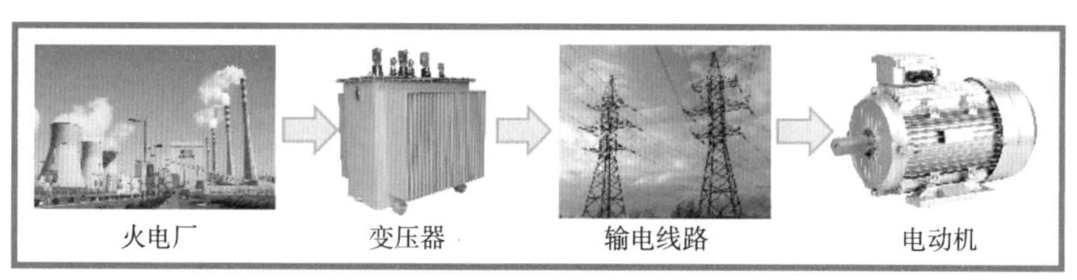

（a）机电设备为主的电力系统

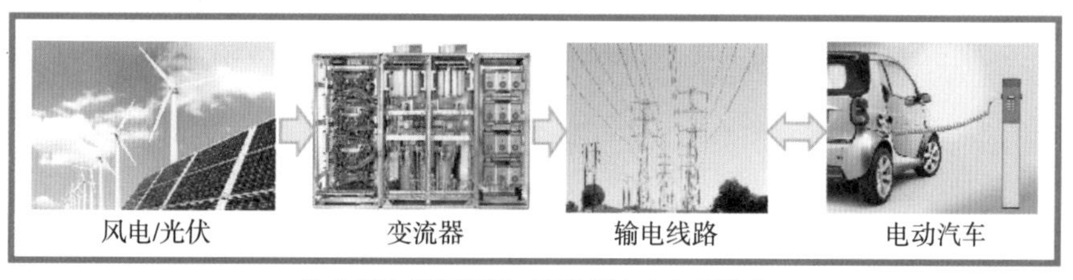

（b）高比例新能源、高比例电力电子设备

图 1.6 从机电设备为主的电力系统向“双高”新型电力系统转变

1.5 新型电力系统的技术架构

新型电力系统对传统电力系统及相关领域的科技创新发展提出了更高的要求。伴随着全球新一轮科技革命和产业革命的快速兴起，云计算、大数据、物联网、人工智能、5G 通信等数字化技术更快融入电力系统，加速传统电力行业业务数字化转型。构建新型电力系统将在源网荷储各个环节催生大量新技术和生态，并带动一批关键共性支撑技术的快速发展。国家发改委、国家能源局发布的《关于完善能源绿色低碳转型体制机制和政策措施的意见》中提出，加强新型电力系统顶层设计，推动电力来源清洁化和终端能源消费电气化，适应新能源电力发展需要制定新型电力系统发展战略和总体规划，鼓励各类企业等主体积极参与新型电力系统建设；对现有电力系统进行绿色低碳发展适应性评估，在电网架构、电源结构、源网荷储协调、数字化智能化运行控制等方面提升技术和优化系统；加强新型电力系统基础理论研究，推动关键核心技术突破，研究制定新型电力系统相关标准。构建新型电力系统需要突破的关键技术如图 1.7 所示。

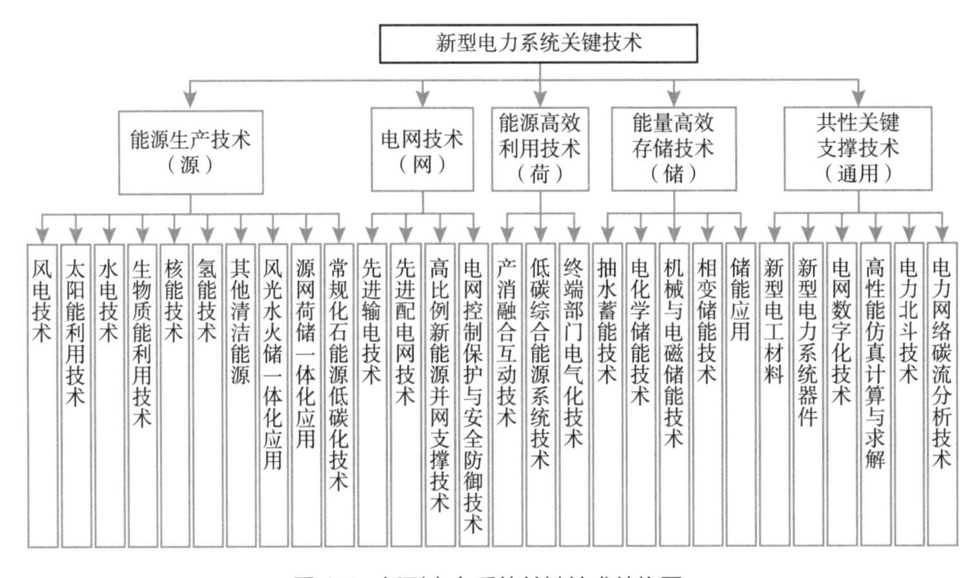

图 1.7 新型电力系统关键技术结构图

源侧主要介绍能源生产技术，包括风能、太阳能、水能、生物质能、氢能、和核能等新能源的生产和利用，煤电、气电等常规化石能源发电的低碳化、灵活化转型，以及风光水火储一体化、源网荷储一体化应用。

网侧主要针对电碳枢纽技术展开分析，主要包括高比例新能源并网支撑技术、新型电能传输技术、新型电网保护与安全防御技术等。

荷侧主要针对能源高效利用技术展开分析，主要包括柔性智能配电网技术、智能用电与供需互动技术、低碳综合能源供能技术、终端部门电气化能效提升技术等。

储能是新型电力系统构建的关键支撑性技术，为提高新型电力系统的调节能力和电力供应保障能力，满足不同时空尺度的存储需要，对能量高效存储技术进行深入研究，包括电化学储能技术、机械与电磁储能技术、抽水蓄能技术、相变储能技术、新型储能商业模式等。

对源网荷储各环节所需的一些共性支撑技术的介绍，主要包括新型电工材料、新型电力系统器件、电网数字化技术、高性能仿真计算与求解技术、电力北斗技术和电力网络碳流分析技术。

本书将在第 3~7 章对新型电力系统的关键技术进行详细介绍。

参考文献

[1] 舒印彪，陈国平，贺静波，等. 构建以新能源为主体的新型电力系统框架研究［J］. 中国工程科学，2021，23（6）：61–69.

[2] 黄雨涵，丁涛，李雨婷，等. 碳中和背景下能源低碳化技术综述及对新型电力系统发展的启示［J］. 中国电机工程学报，2021，41（S1）：28–51.

[3] 韩肖清，李廷钧，张东霞，等. “双碳”目标下的新型电力系统规划新问题及关键技术［J］. 高电压技术，2021，47（9）：3036–3046.

[4] 舒印彪，张丽英，张运洲，等. 我国电力碳达峰碳中和路径研究［J］. 中国工程科学，2021，23（6）：1–14.

[5] 谢小荣，贺静波，毛航银，等. “双高”电力系统稳定性的新问题及分类探讨［J］. 中国电机工程学报，2021，41（2）：461–475.

[6] 吴智泉，贾纯超，陈磊，等. 新型电力系统中储能创新方向研究［J］. 太阳能学报，2021，42（10）：444–451.

第2章　新型电力系统的演化路径与主要措施

整体上，新型电力系统低碳转型以非化石能源稳步替代为主，电力碳减排路径按照碳达峰、深度低碳和近零排放三个阶段演进。具体举措方面，能源供给侧加快清洁化发展，优化新能源发展规模与布局，推动煤电清洁高效低碳化发展，建设多元化清洁能源供应体系，统筹发展新型储能和抽水蓄能，促进分布式发电、微电网与大电网融合发展；能源消费侧发展电能替代，在工业、建筑、交通各领域提高电气化水平，替代终端煤炭、石油、天然气等化石能源消费。

2.1　电力系统低碳转型的整体态势

2.1.1　电力系统低碳转型的整体态势

如图 2.1 所示，在电力低碳转型发展路径下，未来新能源装机占比持续提升，电源结构不断优化，清洁能源发电量占比稳步提升。在电源装机方面，预计

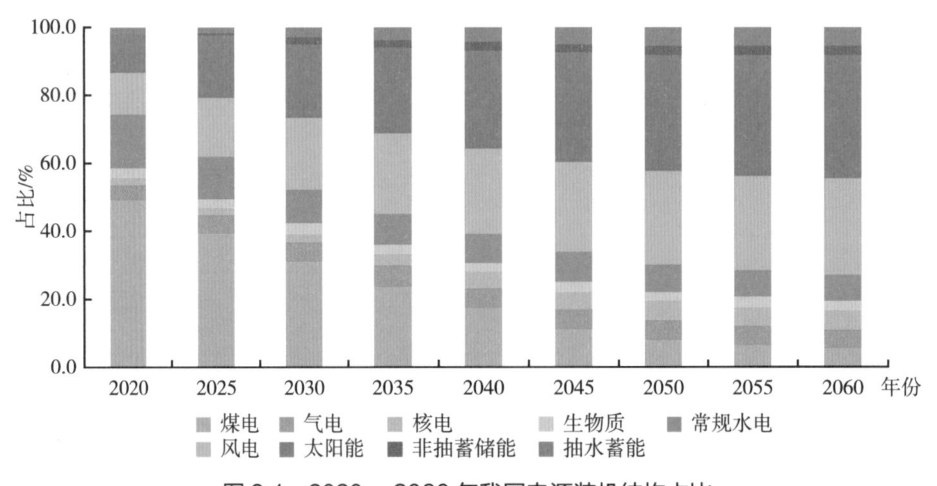

图 2.1　2020—2060 年我国电源装机结构占比

2030 年和 2060 年，我国电力系统总装机分别达到 40 亿千瓦和 71 亿千瓦，新能源装机（含生物质）占比分别提升至 45% 和 68%（2020 年 27%），煤电装机占比分别降至 31% 和 6%。在发电量结构方面，预计 2030 年和 2060 年，我国电力系统总发电量分别达到 11.8 万亿千瓦·时和 15.7 万亿千瓦·时，新能源发电量（含生物质）占比分别提升至 30% 和 61%，煤电发电量占比分别降至 43% 和 4%（图 2.2）。

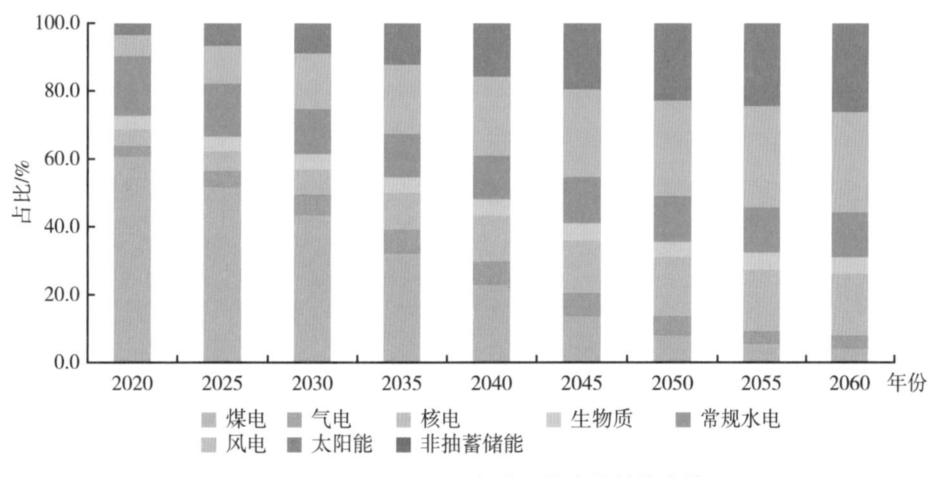

图 2.2　2020—2060 年我国发电量结构占比

2.1.2　电力系统碳减排路径

我国电力系统碳减排路径可以按照碳达峰、深度低碳和近零排放三个阶段演进，如图 2.3 所示。

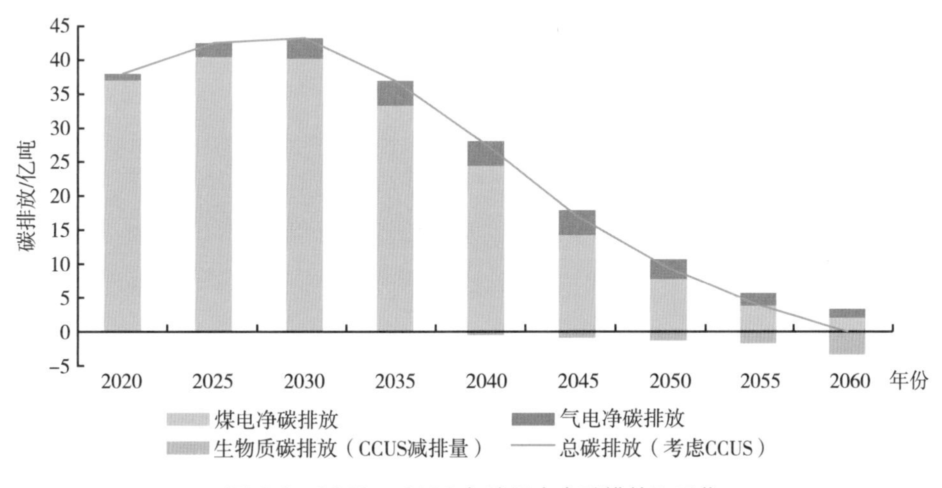

图 2.3　2020—2060 年我国电力碳排放和吸收

在碳达峰阶段，预计电力系统2028年前后碳排放达峰，峰值约44亿吨（不包括热电联产供热排放），其中煤电排放40亿吨、气电排放4亿吨。2030年以前，80%以上电源装机增量为非化石能源发电，70%以上新增电能需求由非化石能源发电满足，煤电仍将是重要的保供电源，装机和发电量仍将有一定增长。预计2030年，非化石能源装机、发电量占比约为64%、51%，分别较2020年提高18%、15%。

电力排放达峰后进入2~3年短暂平台期，然后电力系统碳减排速度整体呈先慢后快的下降趋势，开始进入深度低碳阶段。2030年以后，由于水、核等传统非化石能源受站址资源约束，新能源发展将进一步提速，以新能源为主的非化石能源发电可满足全部新增电力需求，同时逐步替代存量化石能源发电。预计2030年、2040年、2050年煤电发电量占比分别降至43%、23%、8%。随着新能源、储能技术经济性进一步提高和新一代二氧化碳捕集、利用与封存（Carbon Capture，Utilization and Storage，CCUS）技术商业化应用规模扩大，电力系统实现深度低碳。

在碳中和阶段，电力系统碳减排速度放缓，预计2060年，电力系统实现净零排放，非化石能源发电装机、发电量占比约为89%、92%，煤电向基础保障性和系统调节性电源并重转型，部分机组通过CCUS改造成为“近零脱碳机组”。考虑到极端天气下新能源出力骤减等情形，为了保障电力系统安全和充裕性，需要保留大量煤、气、水、核、生物质等常规惯量电源。

2.2 能源生产清洁化发展举措

2.2.1 新能源发展与布局

2.2.1.1 发展潜力

新能源将逐步演变为主体电源，在实现“双碳”目标过程中发挥决定性作用。我国新能源发电资源丰富，是实现“双碳”目标的主要依托。我国非化石能源中，水电、核电、生物质发电受资源潜力、站址资源和燃料来源约束，未来发展规模受限，而新能源资源丰富，我国风电、太阳能发电技术可开发量分别达到35亿千瓦和50亿千瓦以上，且成本处于快速下降通道中，在对化石能源替代过程中将发挥决定性作用，可持续高比例大强度开发利用。

从产业角度看，我国新能源产业链完整，支撑低碳转型的同时也具有带动投资和就业、提供经济发展新动能的功能。当前我国光伏组件产能和风机整机产能已达到1.5亿千瓦和6000万千瓦，而且产业链长，能够带动储能、综合能源等新技术、新模式、新业态蓬勃发展。

2.2.1.2　发展规模与布局

坚持新能源集中式与分布式开发并举，分阶段优化布局。近期布局向中东部倾斜，远期开发重心将重回西部和北部。

在风电方面，近期稳步推进西部和北部风电基地集约化开发，因地制宜发展东中部分散式风电和海上风电，优先就地平衡。随着东中部分散式风电资源基本开发完毕，风电开发重心重回西部和北部地区，而海上风电则逐步向远海拓展。预计 2060 年风电装机 20 亿千瓦，其中海上风电 5 亿千瓦左右。

在太阳能方面，近期仍以光伏发电为主导，东中部优先发展分布式光伏，成为推动能源转型和满足本地电力需求的重要电源；西部和北部地区主要建设大型太阳能发电基地。中远期，包括光热发电在内的太阳能发电基地建设将在西北地区以及其他有条件的区域不断扩大规模。预计 2060 年太阳能装机 26 亿千瓦，其中光热 2.5 亿千瓦左右。

2.2.2　煤电低碳化发展

科学确定煤电发展定位，需处置好存量煤电资产和退出节奏，整体上可以按照“增容控量”“控容减量”“减量不减容”三个阶段谋划煤电发展路径（图 2.4）。

“增容控量”阶段，“十四五”时期煤电装机和电量仍有一定增长空间。从系统安全角度，煤电可提供转动惯量，宜作应急电源保障电力供应安全，未来新增煤电将主要发挥高峰电力平衡和应急保障作用。“十四五”期间，在煤电装机容量增长基础上将严控发电量增长。另外，未来新增电力需求将主要由非化石能源发电满足，煤电装机、发电量占比将持续稳步降低，2025 年煤电装机、发电量占比分别降至 40%、50% 左右。

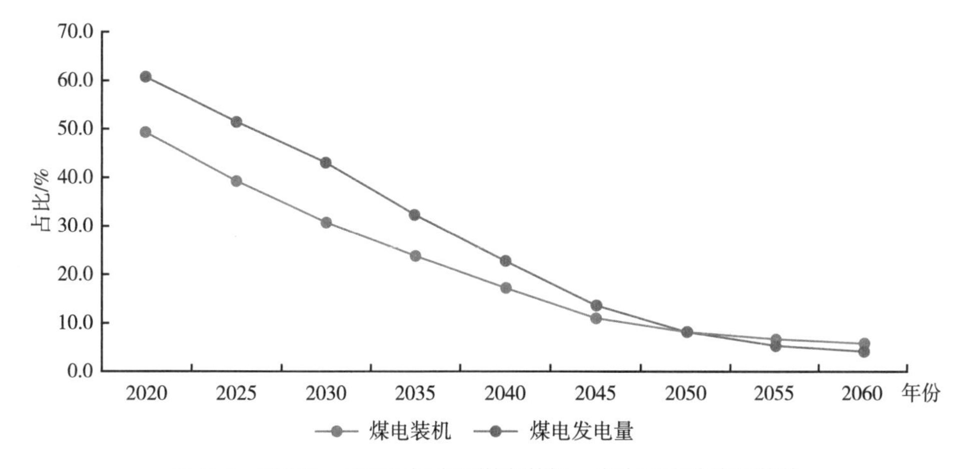

图 2.4　2020—2060 年我国煤电装机、发电量占比变化趋势

“控容减量”阶段,“十五五”时期煤电进入装机峰值平台期，预计煤电发电量提前于装机 2~3 年达峰，未来将更多配合非化石能源发展，承担系统调节、高峰电力平衡功能。煤电 CCUS 改造进入示范应用和产业化培育初期阶段，预计 2025 年和 2030 年累计改造规模分别达到 200 万千瓦和 1000 万千瓦，碳捕集规模分别达到 800 万吨 / 年和 3700 万吨 / 年。

“减量不减容”阶段，如图 2.5 所示，2030 年以后煤电发电量稳步下降，煤电装机退出先快后慢逐渐放缓，发展形成近零脱碳（完成 CCUS 改造，为系统保留转动惯量同时捕捉二氧化碳）、灵活调节（未进行 CCUS 改造，基本不承担电量，仅作调峰运行）和应急备用（基本退出运行，仅在个别极端天气或应急等条件下调用）三类机组。

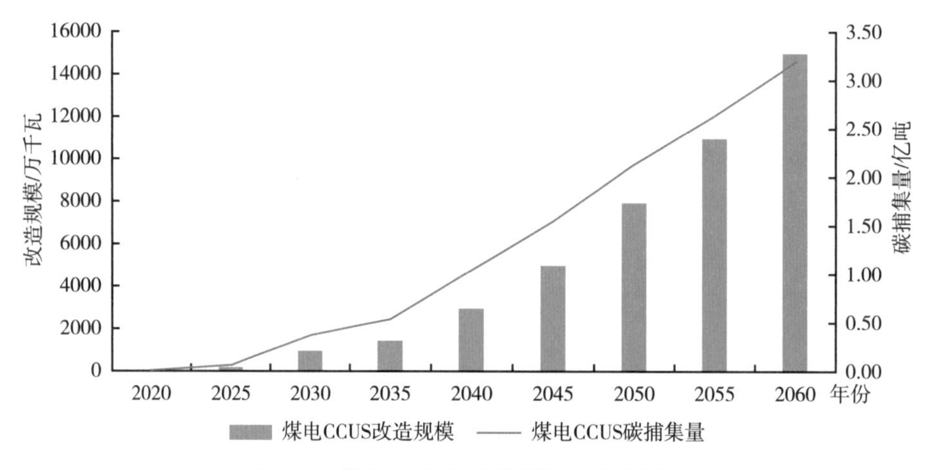

图 2.5　煤电 CCUS 改造规模及碳捕集量

2.2.3　多元化清洁能源供应体系建设

实现碳中和单纯依赖新能源增长并不科学，需要在统筹平衡、各有侧重的前提下明确各类型电源发展定位，实现能源绿色低碳转型与灵活性调节资源补短板并重、水核气风光储等各类电源协同发展，构建多元化清洁能源供应体系。

2.2.3.1　统筹推进水电开发

2030 年以前，加快推进西南地区大江大河干流优质水电资源开发。2030 年以后，重点推进西藏水电开发，全国逐步形成生态环境友好、移民共享收益、水资源高效利用、综合利用功能显著的主要流域梯级水电站群开发运行格局。

2.2.3.2　积极安全有序发展核电

2020—2030 年年均开工 6~8 台机组，2030 年以后，沿海核电站址资源将逐渐开发完毕。考虑核电作为优质的非化石能源，能量密度高、出力可控性强，可适时研判内陆核电开发，但需关注安全及公众接受度等问题。从技术层面看，四代核电气冷堆技术固有安全性大幅提升，小型堆技术持续发展，具备内陆规模化开发应用条件。

2.2.3.3　气电低碳化发展

气电温室气体排放量约为煤电的一半，灵活调节性能优异，从电源多元化角度考虑，适当发展气电总体上有利于碳减排、增加系统的灵活性和实现电力多元化供应，是保障电力安全稳定供应的现实选择，预计 2030 年和 2060 年气电装机分别达到 2.2 亿千瓦和 4 亿千瓦。气电发展定位以调峰为主，通过配备 CCUS 装置捕集碳排放，可抵消用于电力调峰的天然气发电厂的排放量。

未来气电发展仍需重视天然气对外依存度、发电成本和技术类型问题，根据相关机构预测，2060 年国产天然气规模可达到 2300 亿立方米，考虑到天然气掺氢等作为补充气源，基本可满足发电用气需求。

2.2.4　抽水蓄能和新型储能统筹发展

抽水蓄能建设进度应与减碳进程相协调，考虑到其技术相对成熟、单位投资成本低、清洁安全高效、使用寿命长，相较其他储能更有利于大规模、集中式能量储存，与新型储能相比应优先发展。

近中期，抽水蓄能在站址资源满足要求的条件下应优先开发。截至 2020 年年底，全国抽水蓄能装机规模为 3149 万千瓦，综合考虑规划和在建项目，预计 2030 年将快速增加到 1.2 亿千瓦左右。为保证电力平衡并提供系统惯量，中远期进一步挖掘优质站址资源，考虑开展新一批选址、利用现有梯级水电水库等方式持续开发抽水蓄能。

为满足电力平衡和新能源消纳需求，中远期新型储能将迎来跨越式发展。现阶段，新型储能技术经济性竞争力亟待提升，需要加快推动大容量、长寿命、高安全、低成本的新型储能发展，未来还将结合绿电制氢和储热技术应用，满足高比例新能源的长周期消纳和利用需求。

2.2.5　分布式发电、微电网与大电网融合发展

分布式发电与微电网是未来满足东中部电力供应的重要手段，将深刻影响电力系统形态。从经济性和资源利用角度看，应优先考虑分布式发电就地平衡方式满足中东部新增电力需求。随着新能源和储能技术经济性不断提升，本地开发分布式及微电网满足新增电力需求将是有效手段。

中东部若完全依靠分布式发电难以满足全部新增电量和电力平衡需求。预计

国家电网经营区中东部地区分布式新能源的技术可开发潜力为9亿千瓦，可提供约1万亿~1.2万亿千瓦·时电量，难以完全满足中东部地区2020—2060年2.5万亿千瓦·时左右的新增电量需求，仍需要通过加快海上风电开发、跨区受入西南水电等确保电力电量平衡。

2.3 能源消费电能替代发展举措

为了实现2060年碳中和目标，需要在终端以绿色电力大范围替代煤炭、石油、天然气等化石能源。一方面通过经济高质量发展，调整产业结构，提高能源利用效率，降低高耗能产品的消费需求，提升高附加值产业的占比；另一方面通过政策和市场机制，调整终端能源消费结构，在工业、建筑、交通各领域大幅提高电气化水平。

2.3.1 工业领域

终端工业部门主要指采掘业和制造业。从能源消耗看，以制造业为主。其中，钢铁、有色金属、建材、化工四个行业通常称为四大高耗能（高载能）行业，其能源消费占终端工业能源消费总量近70%，是工业电能替代的重点领域。

2.3.1.1 钢铁行业

钢铁行业能源消费量在终端工业中名列第一，能源消耗主要以煤炭、石油、天然气为主。近年来，电力消耗占比上升至12%左右。2020年，我国钢铁生产量达10.5亿吨，其中90%为长流程炼钢，电炉炼钢比重较低。长流程炼钢环节中，高炉炼铁、焦化、球团、烧结等工序能耗加大，基本以燃煤为主，但目前尚未有较适宜的电能替代技术应用。未来我国钢铁行业在继续加强节能措施的同时，需要调整钢铁生产结构，提高短流程电炉炼钢比例。

2.3.1.2 有色金属行业

有色金属指铁、锰、铬以外的所有金属，广义的有色金属还包括有色合金。其中，铝及铝合金是最重要的有色金属，产量和用量（按吨计算）仅次于钢材，其能耗占有色金属行业的80%左右。有色金属（铝）加工消耗的主要能源为电力和天然气，电气化水平已超过50%。有色金属（铝）加工行业因生产过程中存在大量的加热设备，主要能效提高空间在于余热利用方面。此外，未来主要趋势为加大电能替代力度，提高电熔炉应用比例，发展再生有色金属低温低电压铝电解新技术、粗铜自氧化精炼还原技术等高效节能技术，预计2060年有色金属行业电气化率达85%。

2.3.1.3 建材行业

建材行业通常指水泥、玻璃、陶瓷等制品业，其中水泥能耗占80%左右，是建材行业的主要耗能产业。当前我国水泥工业能源消费以燃煤为主，电气化率仅为10%。未来建材行业主要通过推广应用电窑炉提升电气化水平，预计在建筑陶瓷、玻璃生产领域应用潜力较大，在水泥行业主要可在原料破碎、生料粉磨、熟料冷却、水泥粉磨和包装等工段发挥较大作用。随着我国城镇化率逐步趋稳、基础设施建设逐步完善，对水泥需求量也将大幅降低，使得建材行业的能源消费总量大幅下降，同时电窑炉设备不断推广，预计2060年建材行业电气化率将提升至40%。

2.3.1.4 化工行业

化工行业能源消费量约占工业领域的20%，在化工行业的数千种产品中，仅氨、甲醇和HVC（高价值化学品，包括轻烯烃和芳烃）三大类基础化工产品的终端能耗总量就占到该行业的3/4左右。未来化工行业一方面提升效率、降低单位能耗，另一方面在电石、烧碱、黄磷、合成氨等产品生产中采用电解法或以电炉加热作为主要生产环节。

2.3.1.5 其他工业

除四大高耗能产业外，以纺织、造纸、食品、医药、汽车制造等为代表的轻工制造产业，主要终端能源需求形式为电力和热力。从具体能源消费品类看，轻工产业电气化水平普遍较高，目前电能消费占比已达到50%。从电气化水平来看，轻工产业中较低的包括食品加工制造、造纸、医药制造、运输设备制造等行业，这些行业电气化率均不超过40%，未来可在食品加工行业中推广电烘干、电制茶、电烤烟等技术，在其他轻工用热领域推行电锅炉、蓄热式电锅炉或高温热泵，在减少化石能源消费、降低碳排放的同时，还将有效提高能效水平及产品质量。

终端工业中，除制造业外，还包括采矿业，其能源消费中煤炭和电力消费占比均超过30%。具体来看，采矿业中电气化率较低的行业为石油和天然气开采业、非金属矿采选业和开采专业及辅助性活动。此外，在采矿业中，矿山机械、运输机车等消耗油品较多，未来有望通过电铲车、电钻井、电皮带廊等技术实现高度电气化。

为推动建设制造强国、质量强国、网络强国、数字中国，未来还需大力发展新一代信息技术产业、高端制造、新材料等战略性新兴产业，推动互联网、大数据、人工智能等与各产业的深度融合，海量数据监测、采集、传输、分析、存储设备将应用于各个领域，从而带来新的用电需求。从近中期看，数据中心、5G基站将迎来较快用电增长。从中远期看，新兴产业能耗将在工业领域中占据更大份额。

综合以上，未来随着经济社会高质量发展，现代产业体系不断完善，低效高耗能产业占比降低，工业节能水平持续提升，数字经济持续快速发展，工业部门的能源消费总量和消费结构都将发生较大变化。预计到2030年和2060年，工业部门电能占终端能源消费比重将分别达到40%和70%以上。

2.3.2 建筑领域

建筑部门用能需求主要包括建筑供暖、制冷、炊事、照明及其他电器设备，其中供暖、制冷用能占比达到60%。从消耗的能源品类看，主要有电力、煤炭、天然气、热力（主要指集中采暖），其中，化石能源占比高达60%以上，电力消费占比还有待提升。

我国建筑面积预计将以每年10亿~20亿平方米的速度增加，七八年后达峰，开始进入存量阶段。为实现建筑能源低碳转型，需要在重要技术方向进行突破，包括提高绿色建筑比例、发展建筑的“光储直柔”新型用电方式、光伏建筑一体化技术、建设分布式农村新能源系统、建设充分回收利用发电余热和工业余热供热区域热网、具有广泛应用前景的热泵技术等。

未来，随着绿色建筑比例不断提升，既有建筑节能改造力度不断加大，建筑暖通领域“煤改电”、炊事领域“气改电”更加深入推进，建筑领域将形成更高电能占比的能源结构，预计2030年和2060年建筑能源消费中电能占比分别达到50%和80%左右。

2.3.3 交通领域

交通运输是碳排放的主要领域之一，通过交通领域电气化转型来减少化石能源碳排放已成共识。交通部门根据运输方式的不同分为公路、轨道、民航、水运四大子部门，其中，公路运输工具为汽车，轨道交通包括城市轨道交通和城际铁路，民航主要是飞机，水运为轮船。每个子部门分为客运和货运两部分，货运除以上四种运输方式，还有管道运送方式（石油、天然气等）。目前，我国交通部门是以公路为主，公路能耗占交通总能耗的80%以上，客运、货运能耗比约为1∶3，消耗能源主要为汽油、柴油等石油制品，电气化率不足4%，碳排放量和污染物排放均较高。

未来交通部门低碳转型中，电动汽车方面，随着电动汽车续航能力和电耗水平进步显著，未来需要在城市公交、私家车、城市货运配送、中长距离公路客运、中长距离公路货运等几个领域加快推广应用电动车技术；轨道交通方面，随着未来高铁覆盖面不断扩大，铁路电气化水平将不断提高，2050 年后有望达到 90% 以上；航空和水运方面，由于平均运送距离远、能量密度要求高、单程能源需求量大，目前尚未形成有前景的电能驱动技术，在未来的很长一段时间仍将以燃油为主，水运方面还可能通过液化天然气替代部分燃油使用。随着生物燃料技术和氢能、氨能等技术的发展，未来有望在水运和航空领域得到一定的应用，替代一部分燃油。综合以上，预计 2030 年和 2060 年交通能源消费中电能占比将分别达到 10% 和 55% 左右。

参考文献

[1] International Energy Agency. Power system transition in China [EB/OL]. (2021) [2021]. https://www.iea.org/reports/china-power-system-transformation.

[2] International Energy Agency. The role of CCUS in low-carbon power systems [R]. Paris: International Energy Agency, 2021.

[3] 舒印彪，张丽英，张运洲，等. 我国电力碳达峰、碳中和路径研究 [J]. 中国工程科学，2021，23（6）：1-14.

[4] QuéréCL, Peters G P, Andres R J, et al. Global carbon budget 2013 [J]. Earth System Science Data, 2014 (6): 235-263.

[5] Zhao J F, Xie H F, Ma J Y, et al. Integrated remote sensing and model approach for impact assessment of future climate change on the carbon budget of global forest ecosystems [J]. Global and Planetary Change, 2021, 203 (4): 1-15.

[6] Intergovernmental Panel on Climate Change. Climate Change 2021: The physical science basis [EB/OL]. (2021-03-15) [2021-10-15].

第3章　构建新型电力系统的清洁低碳化能源生产技术

构建新型电力系统的清洁低碳化能源生产技术主要包括清洁能源与可再生能源的开发与利用、常规化石能源低碳化技术，以及风光水火储一体化、源网荷储一体化应用（图 3.1）。

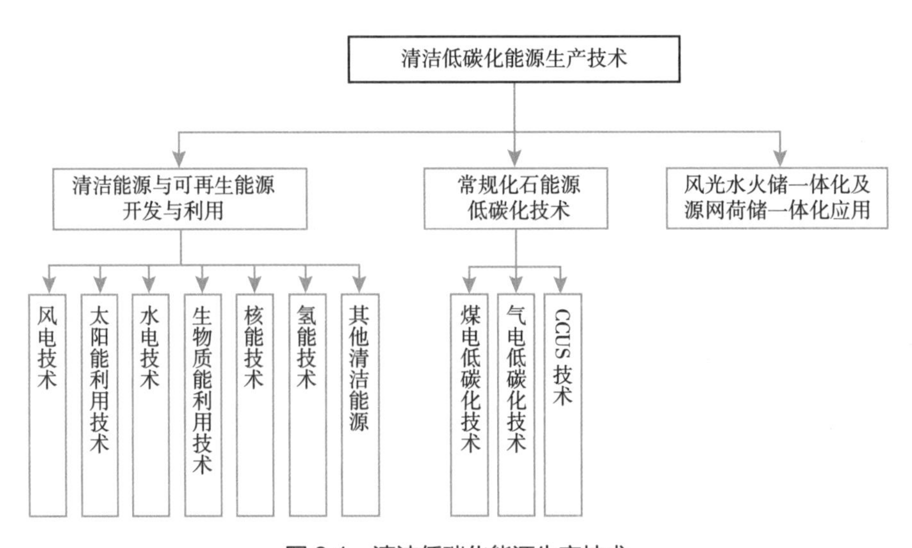

图 3.1　清洁低碳化能源生产技术

3.1　清洁能源与可再生能源开发与利用

3.1.1　风电技术

风电是清洁能源的重要组成部分，对我国能源结构清洁低碳化发展、实现体系化的安全高效发展具有重要意义，风电包括陆上风电和海上风电（近海、深远海）。陆上风电开发和利用技术起步较早，主要核心技术已经比较成熟，且未来可能面临潜在开发量不足的问题，而海上风电具有单体规模大、年利用小时数高、不占用陆地资源等特点，因此，近年来，海上风电越来越为各国所重视，在世界各国能源战略的地位不断提升。我国海上风电资源丰富、临近负荷中心，具有大规模开发的广阔前景，潜在开发量约为陆上风电的20%。随着海上风电技术的不断成熟，预计到2050年，我国近海风电成本有望接近陆上风电成本。

风电是清洁能源的重要组成部分，对我国能源结构清洁低碳化发展、实现体系化的安全高效发展具有重要的意义，是实现“双碳”目标的必由路径。风电是构建新型电力系统的主体能源，是支持电力系统率先脱碳，进而推动能源系统和全社会实现碳中和的主力军。风电不仅是零碳电力，也正在成为最具经济性的能源，在地方经济社会转型发展中将发挥越来越重要的基础支撑作用。2020年，全国风电新增装机实现历史性突破，全年新增并网装机7167万千瓦，同比增长约178%。截至2021年6月，全国风电累计并网装机容量达2.92亿千瓦，其中，陆上风电2.81亿千瓦，海上风电1113.4万千瓦。风电累计装机约占全部电源累计装机的12.9%，比2019年年底提升2.5%。我国陆上风电、海上风电累计装机容量均居世界第一位。“十四五”期间，须保证风电年均新增装机5000万千瓦以上，2025年后，中国风电年均新增装机容量应不低于6000万千瓦，到2030年至少达到8亿千瓦，到2060年至少达到30亿千瓦。

3.1.1.1 发展现状

（1）全球风电技术

过去十年，全球风电市场规模几乎翻了一番。根据全球风能理事会的报告，截至2020年年底，全球风电累计装机742.69吉瓦，其中陆上风电707.40吉瓦、海上风电35.29吉瓦（图3.2和图3.3）。风电累计装机规模位列全球前五的国家

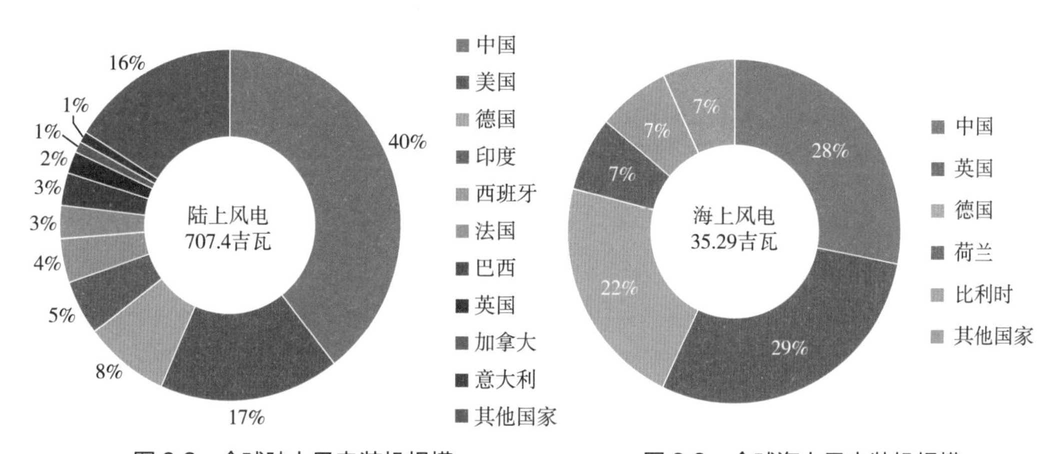

图3.2 全球陆上风电装机规模　　图3.3 全球海上风电装机规模

分别是中国、美国、德国、印度、西班牙，这五个国家风电装机之和约占全球总风电装机容量的73%。

当前，全球风电技术发展日新月异。一方面，风电技术正在与新一代信息技术、新材料技术交叉融合，引发新一轮科技革命和产业变革。智能制造、智能风机、智慧风电场、风电智慧运维云平台、智慧电网、智能微电网等已由概念逐步变为现实。另一方面，随着全球低碳转型进程的持续加快，漂浮式基础、"风电+绿氢"技术、能源互联网等一系列新兴技术应运而生。其中，大型风力发电机机组研制、海上施工、海上风电送出、海上风电制氢等前沿技术已经被欧盟各国和英国认为是他们实现碳中和目标的关键技术。

2019年，美国通用电气公司研制出全球最大海上风力发电机——Haliade-X 12兆瓦直驱型机组样机。该机组已在荷兰鹿特丹港岸边进行了1年以上的并网测试，取得了机组型式认证，正在商业化，预计2023年在英国多格浅滩（Dogger Bank）海上风场投入使用。2020年，欧洲新装机的海上风电机组平均容量为8.2兆瓦，最大容量达到9.5兆瓦。

2019年，丹麦风力发电机叶片制造商LM公司为Haliade-X 12兆瓦机组生产出107米叶片，风电机组叶片首次突破100米。2021年2月，维斯塔斯推出的V236-15.0兆瓦海上风机叶片长度达到115.5米。与短叶片不同，百米级叶片采用碳纤维主梁，气动性能更加优异，单位长度重量更轻、结构强度更好。

欧洲多国积极开发海上风电综合能源利用技术。丹麦正计划建设面积达到12万平方米的海上能源岛，具备海上风电、制氢、储能等多种功能。德国、荷兰等国的电力、油气、设备制造公司已建立技术联盟，计划2035年建成10吉瓦的海上风电制氢项目，利用电解技术每年生产100万吨绿色氢气。

（2）国内风力发电技术

国内风力发电机组研制技术稳步提升，10兆瓦风电机组开展示范应用。2019年8月和9月，上海电气、金风科技分别生产出首台8兆瓦直驱型风机。2020年7月，东方电气研制的我国首台10兆瓦直驱型海上风电机组在福建兴化湾二期海上风电场成功并网发电，成为国内已投运的最大年功率风电机组。中国海装组装的我国首台10兆瓦半直驱型风电机组，于2021年年底在华能江苏启东风电场并网投产。2020年7月，明阳智能发布了MySE11-203半直驱型风电机组，额定功率将达到11兆瓦。2021年，进行样机测试，2022年，商业化应用。

目前，我国风电企业通过引进消化吸收和再创新，掌握了关键核心技术，并且在适应低风速条件和恶劣环境的风电机组开发方面取得了突破性进展，处于全球领先地位，在大容量机组开发上也基本实现了与世界同步。这些成就，既保证了我国风电产业的持续快速发展，也为我国风电产业实现从大到强的跨越式发展奠定了基础。

3.1.1.2　典型工程实践

（1）陆上风电：茫崖二期 50 兆瓦风电项目

2016 年，由青海水电集团投资开发的茫崖二期 50 兆瓦风电场成功并入青海电网运行，成为青海省境内单机容量、塔筒高度、叶轮直径最大、建设速度最快的风力发电项目。茫崖二期 50 兆瓦风电项目是国家能源局下达的 2016 年全国风电开发建设项目之一，共安装高原型直驱风力发电机 20 台。项目设计年利用小时数约 2200 小时，年平均发电量约 1.1 亿千瓦・时，投产后每年可节约标准煤 33685 吨，减排二氧化硫 790 吨、二氧化碳 26243 吨、粉尘 7158 吨，对改善当地生态环境、促进区域经济社会发展具有重要作用。

（2）海上风电：国内首台 13 兆瓦海上风电机组

2022 年，由中国东方电气集团有限公司自主研制、拥有完全自主知识产权的 13 兆瓦抗台风型海上风电机组在福建三峡海上风电产业园顺利下线，这是目前我国已下线的亚洲地区单机容量最大、叶轮直径最大的风电机组，也是我国下线的首台 13 兆瓦风电机组。该风电机组采用东方电气集团有限公司定制化开发的抗台风策略，可抵御 77 米 / 秒的超强台风，适用于我国 98% 的海域。与机组配套的叶片首次采用碳纤拉挤工艺，突破了百米级超长柔性叶片研制的系列难题，单支长度达 103 米，刷新了我国风电叶片最长纪录；变桨系统采用行业首创的双驱电动变桨系统，具备冗余设计功能，安全性高，可靠性好；发电机容量覆盖范围广、风能利用率高、运行可靠、维护成本低。

3.1.1.3　发展趋势和方向

针对风电发展趋势，考虑到当前陆上风电技术已经趋于成熟，而我国对电力资源的需求非常强烈，仅利用陆地是远远不够的。在发展陆上风电的基础上，未来我国需在海上风电的应用基础、前沿技术、产业共性技术等层次开展三大方面技术研究，即大型海上风电装备国产化研制、深远海风电技术开发、风电基地智慧生产运维体系开发具体包括：①开发国产化的超大容量海上风电机组、海底电缆等关键装备，筑牢风电技术基本盘，解决制约产业发展的技术瓶颈，为技术跨越奠定基础；②开发漂浮式风电、海上风电综合利用技术，瞄准未来海上风电技术制高点，打造海上风电新生态，为技术跨越提升速度；③开发资源环境评估、风电基地先进控制、风场智慧运维技术，提升风电技术整体水平，实现风电智能化，为技术跨越提供动力。

3.1.2 太阳能利用技术

新型电力系统中，对太阳能的开发和利用主要有两种方式：第一种是光伏发电，就是把太阳光能直接变成电能。它是利用某些物质的光电效应把太阳辐射能直接变成电能，其核心就是太阳能电池。目前，主要的太阳能电池有单晶 / 多晶硅电池、硫化镉电池、砷化镓电池和砷化镓砷化铝镓电池。第二种是光热发电。光热发电是通过“光 – 热 – 功”的转化过程实现发电的一种技术，它的利用能源是太阳能，通过聚光器将低密度的太阳能聚集成高密度的能量，经由传热介质将太阳能转化为热能，通过热力循环做功实现到电能的转换。

随着太阳能光伏电池组件技术的进步和价格持续走低，光伏电池将继续朝着高效率、低成本的方向发展。同时，光伏的应用将呈现规模集群化、应用场景多元化、应用产品多样化的发展趋势，并与大数据、云计算、物联网、人工智能、储能等新兴技术有机融合。未来，光伏电池在新结构、新材料、新工艺的技术创新是光伏产业升级换代的重要抓手。此外，太阳能光热发电技术作为一种零碳排放的可再生能源，其产业目前仍处于初期发展阶段，规模较小。在太阳能光热发电方面，装备制造、系统集成设计和电站是产业链发展的核心环节，挑战已经从单一部件的研发转向系统化整合的效率、成本及寿命的改进和优化。

光伏发电在多种可再生能源发电技术中具有发电成本低、资源分布广、易于安装、应用场景丰富等多种优势，被国际能源署等许多国内外能源研究机构认为是未来主要的电力来源。作为全球最大的光伏设备制造国，我国通过顶层设计精准支持光伏发力，结合“十四五”时期部分省（市）、行业碳达峰目标，光伏产业将在“十四五”时期迎来历史性发展机遇。与光伏发电相比，在光照不够时光热发电可利用储热发电，且光热发电比光伏发电、风力发电更加有助于电网的稳定，并且省去了光伏发电中成本较大的硅晶光电转换，降低了成本，避免了污染。作为一种清洁电力以及有效解决新能源发电波动性问题的路径，未来在太阳能利用领域将采取光伏发电与光热发电并举的方案。

3.1.2.1 发展现状

（1）全球太阳能技术

太阳能光伏发电已经上升为全球实现能源转型战略的重要支撑。光伏电池技术继续沿着高效率、低成本方向持续发展。国际上光伏电池效率世界纪录不断刷新，实验室三结砷化镓聚光电池效率突破了 46%，晶硅电池效率突破了 26.7%，实验室碲化镉、铜铟镓硒薄膜电池效率分别为 22.1% 和 22.9%。晶体硅异质结太阳电池（HIT）、叉指式背接触（IBC）电池等晶体硅电池是产业化效率最高的电池，电池效率达到24%左右，日本松下和美国SunPower公司占其主要份额。光伏技术正在加速市场化应用，欧盟已提出2030年光伏发电约占总发电量的15%，成为占比最高的可再生能源。美国规划2050年光伏发电量占比将达到38%，预计2050年欧洲光伏发电可满足其30%的用电需求。光伏发电将成为全球主导能源之一。

此外，在太阳能光热发电方面，全球运行的光热电站约有6410兆瓦，在建的有1600兆瓦。2017年，美国能源局宣布已提前三年完成其2020年既定目标，并提出了2030年的新目标，即配备12小时的大型商业化光热电站的光热发电成本降低至0.05美元/千瓦·时（2017年的光热度电成本为0.103美元/千瓦·时）。

（2）国内太阳能技术

我国太阳能光伏电池及组件、逆变器等产品技术与世界先进水平同步，晶体硅电池组件效率屡创世界纪录，薄膜电池技术处于国际领先水平。光伏发电是全球成本下降最快的实现规模化应用的能源技术。国内光伏组件生产成本全球最低，组件价格从2010年的12元/瓦降至2021年年初的1.5元/瓦左右，光伏发电成本也从1.5元/千瓦·时降至0.35元/千瓦·时左右，未来仍有较大的下降空间。我国光伏领域原始创新能力日益增强，高效率、低成本的光伏产业化技术处于世界先进水平，已经形成完备的从多晶硅提纯、单晶/多晶硅生长、高效电池制备到组件封装关键材料等全产业链光伏技术体系。

关于太阳能光热发电，国家能源局在“十三五”期间发布了《关于建设太阳能热发电示范项目的通知》，其中20个示范项目中已有8个项目实现商业运行或实现并网关键工程节点，总装机量450兆瓦，并在多个技术方向达到国际领先水平。

3.1.2.2 典型工程实践

（1）光伏发电——三峡格尔木项目

2018年，我国一次性建成的单体规模最大的国内首个平价上网光伏发电项目——三峡格尔木项目正式并网发电（图3.4），总装机规模500兆瓦，占地771公顷（1公顷 = 0.01平方千米）。项目通过创新项目开发模式、技术引领模式、工程建设模式、共享发展模式，使光伏电价首次低于燃煤发电标杆电价，成为推动我国光伏发电产业高质量发展的一个重要里程碑。

图 3.4　三峡格尔木光伏发电

（2）光伏发电——上海临港最大分布式光伏发电项目

2022 年，临港产业区钻石园分布式光伏发电项目并网成功，装机容量 5.8 兆瓦的新能源项目正式启用。钻石园分布式光伏发电项目在十万余平方米的厂房屋顶上安装光伏组件（图 3.5），通过 10 千伏并网，共计安装了单晶硅 12660 块，采用“自发自用，余电上网”的模式，利用新建屋顶既有混凝土屋面铺设光伏组件，光伏组件将光能转化为直流电，再由逆变器逆变成交流电，就地接入业主厂区配电房。预计年发电量可达 650 万千瓦 · 时。

图 3.5　上海临港产业区钻石园分布式光伏发电

（3）光热发电——内蒙古自治区乌拉特中旗导热油槽式光热发电项目

该工程线路总长 28.95 千米，其中架空部分线路长 26.5 千米、电缆部分线路长 2.45 千米，是国家首批光热示范项目中单体规模最大、储热时长最长的槽式光热发电项目（图 3.6）。该项目创造了光热项目单日系统注油 570 吨的世界纪录、单日注油 38 个集热回路的世界纪录、集热场一次流量平衡调节精度世界纪录、建设周期和调试周期最短的世界纪录，成为国内同纬度下第一个满负荷发电的光热项目。电站全面投运后，年发电量约 3.92 亿千瓦·时，年节省标煤 12 万吨、减少二氧化碳排放 30 万吨、减少硫氧化物排放 9000 吨、减少氮氧化物排放 4500 吨，具有较好的经济与环保效益。

图 3.6 乌拉特中旗导热油槽式光热发电

3.1.2.3 发展趋势和方向

考虑未来太阳能技术必将向着低成本、零污染、高效率的方向发展，我国须从以下几个方面开展太阳能技术的研发与探索：①大力发展太阳能利用基础材料与装备研制技术，包括光伏基础材料研制与智能生产技术、太阳能电池及部件智能制造技术与光伏产品全周期信息化管理技术；②开发智能太阳能发电集成运维体系，包括智能光伏终端产品供给技术与光伏系统智能集成和运维技术；③推广光伏发电应用示范，建设智能光伏工业园区应用示范、智能光伏建筑及城镇应用示范、智能光伏电站应用示范与智能光伏扶贫应用示范；④搭建光伏技术标准体系和公共服务平台，建立健全智能光伏技术标准体系，建设智能光伏公共服务平台；⑤进行太阳能热发电装备研制与开发工作，突破太阳能热化学反应器技术，突破高温吸热、传热和储能设备和材料，建成吉瓦级的太阳能光热电站。加快国产化设备和材料性能验证，降低太阳能热发电成本，提高系统集成能力和相关科技水平。推动太阳能热利用产业健康有序发展，抢占国际光热行业和相关科技领域制高点。研究塔式固体颗粒吸热储热及换热技术、高温液态传热介质吸热器制备技术及高温固体颗粒和超临界二氧化碳换热设备研制技术。

3.1.3 水电技术

水电是清洁能源，可再生、无污染、运行费用低，服务于电力系统调峰储能，有利于提高资源利用率和经济社会的综合效益。

水力发电，就是研究将水能转换为电能的工程建设和生产运行等技术经济问题的科学技术。水力发电利用的水能主要是蕴藏于水体中的位能。为实现将水能转换为电能，需要兴建不同类型的水电站。水力发电是利用河川、湖泊等位于高处具有势能的水流至低处，将其中所含的势能转换为水轮机的动能。根据机械能守恒定律，在水力发电中，水位差越大则水轮机所得动能越大，发出的电能越高，在应用方面以常规水电和抽水蓄能为主流。在地球传统能源日益紧张的情况下，世界各国普遍优先开发水电，大力利用水能资源。中国不论是已探明的水能资源蕴藏量，还是可能开发的水能资源，都居世界第一位。目前，中国不但是世界水电装机第一大国，也是世界上在建规模最大、发展速度最快的国家，已逐步成为世界水电创新的中心。

水电开发既是带动新能源发展、优化能源结构、减少碳排放的需要，也是实现水资源综合利用、防灾减灾和保护生态的需要。未来 30 年，水电仍需积极开发、大力开发，水电开发大有可为。对于新型电力系统而言，我国水电的高质量、可持续发展，为构建清洁低碳、安全高效的能源体系和新型电力系统提供了坚强保障。作为能源转型的基石，常规水电和抽水蓄能是推动风电光伏等新能源规模化发展，构建清洁低碳、安全高效能源体系和新型电力系统的重要支撑。展望未来，我国水电必将在推进实现“双碳”目标中继续担当重任。

截至 2021 年年底，我国可再生能源新增装机 1.34 亿千瓦，占全国新增发电装机的 76.1%。其中，水电新增装机占全国新增装机的 13.3%；2021 年，全国可再生能源发电量达 2.48 万亿千瓦・时，占全社会用电量的 29.8%。其中，水电 13401 亿千瓦・时，同比下降 1.1%，水电发电量占全社会用电量的 16.1%。根据中国水电发展远景规划，到 2030 年，水电装机容量约 5.2 亿千瓦，其中，常规水电 4.2 亿千瓦，抽水蓄能 1 亿千瓦，水电开发程度约 60%；到 2060 年，水电装机约 7 亿千瓦，其中，常规水电 5 亿千瓦，新增扩机和抽水蓄能 2 亿千瓦，水电开发程度 73%，中国水电仍有很大的发展空间。

3.1.3.1 发展现状

（1）全球水电技术

受地理环境和气候条件影响，全球水能资源分布很不均匀。从技术可开发量分布来看，亚洲占比为 50%，南美洲 18%，北美洲 14%，非洲 9%、欧洲 8% 和大洋洲 1%。据国际水电协会 2020 年报告，截至 2019 年年底，全球水电装机容量 1308 吉瓦，其中抽水蓄能电站装机容量 158 吉瓦，全年发电量 4306 太瓦·时。2019 年新增装机容量 15.6 吉瓦，新增发电量 106 太瓦·时，其中，中国、老挝、巴基斯坦、巴西、安哥拉、乌干达、埃塞俄比亚和土耳其等国的新增贡献最大。全球水电开发程度按照年均发电量计算，约占技术可开发量的 27.3%。从地区分布看，欧洲、北美洲国家水电开发程度较高，增长潜力有限。非洲、南亚及东南亚地区水电开发程度较低，开发潜力大。南美洲基本与全球平均水平持平。总体而言，全球水能资源开发程度不高，未来还有很大的发展空间。

（2）国内水电技术

2021 年，全国新增水电并网容量 2349 万千瓦，为“十三五”以来年投产最多。截至 2021 年 12 月底，全国水电装机容量约 3.91 亿千瓦（其中抽水蓄能占 0.36 亿千瓦）。

重大水电工程建设进展方面，截至 2021 年 12 月底，白鹤滩水电站已有 8 台机组投产发电，两河口水电站 5 台机组投产发电。2021 年，全国水电发电量 13401 亿千瓦·时，同比下降 1.1%；全国水电平均利用小时数为 3622 小时，同比下降 203 小时；全国主要流域水能利用率约 97.9%，同比提高 1.5%；弃水电量约 175 亿千瓦·时，较 2020 年同期减少 149 亿千瓦·时。

同时，在小水电方面，在保护生态和农民利益前提下，加快水能资源开发利用，大力发展小水电，完善小水电增值税政策。“十四五”期间，国家将继续开展水电新农村电气化县建设。规划建成 300 个水电新农村电气化县，新增小水电装机容量 515.6 万千瓦，人均年用电量和户均年生活用电量在 2010 年的基础上增长 25% 以上。“十四五”是加快民生水利发展的关键时期，也是小水电发展的机遇期。

3.1.3.2 典型工程实践

（1）三峡水电站

三峡水电站是世界上规模最大的水电站，也是中国有史以来建设的最大型工程项目。三峡水电站于 1994 年正式动工兴建，2003 年开始蓄水发电，2009 年全部完工。2021 年，在确保防洪安全的前提下，三峡水电站 34 台机组全开并网运行，总出力达 2250 万千瓦，实现 2021 年首次满负荷运行。三峡水电开发是中国可持续发展，尤其是清洁能源开发的一个重要里程碑。

（2）白鹤滩水电站

白鹤滩水电站是金沙江下游梯级电站的第二级，总装机容量达到 1600 万千瓦，共安装 16 台我国自主研制的全球单机容量最大功率百万千瓦水轮发电机组。

2022年全部投产运营。除可以每天满足50万人一整年的用电量外，还可以联合上下游水利工程做好长江防洪调度，增加航运效益。更重要的是，白鹤滩水电站每年可节约标煤量约2007万吨，减少二氧化碳排放约4179万吨、一氧化碳排放约0.6万吨、碳氢化合物排放约0.26万吨、氮氧化物排放约25.5万吨、二氧化硫排放约37.7万吨，极具环保效益，有利于实现我国制定的二氧化碳减排行动目标。白鹤滩水电站已成为继三峡工程之后中国水电的新“国家名片”。

3.1.3.3 发展趋势和方向

（1）提升水电机组设计研发水平

以白鹤滩等项目为依托，夯实大水电技术体系，促使大型混流式机组稳定性、运行可靠性、综合效率等性能稳居行业领先水平。以绩溪、敦化、长龙山等项目为载体，打造抽水蓄能技术体系，实现产品效率、安全性、稳定性、可靠性和环境友好性等性能的全面提升，确保抽水蓄能技术国际领先。开展可变速抽水蓄能机组研发，突破可变速发电电动机、可变速水泵水轮机及其调速系统、可变速抽水蓄能控制策略等关键技术，填补国内大型可变速抽水蓄能电站空白。

（2）推行“智慧水电”技术，实现产品全寿命周期运维管理

以三维设计为龙头，打通设计、制造、试验、运行数字化技术通道，全面推进水电产品实现数字映射和数字孪生。加快推进水电产品智慧化，发展安全可靠的远程诊断分析技术，为用户提供诊断分析服务、维保服务、备件管理等全生命周期管理。

（3）加强水力发电新技术发展研究，提升产品质量

加大符合绿色水电站评价标准的机组转轮研发，研发适合各种水头段、各种机型的高效转轮，完善混流式、轴流式、贯流式水轮机转轮型谱，填补技术和产品空白，扩大水力模型优势水头段范围，并推进优势逐步向全水头段发展。促进现有水电制造体系与信息化技术深度融合，形成水电产品智能制造、绿色制造的新模式，提升制造技术标准化水平，确保产品质量全面达到行业领先水平。加强系统集成技术研究，发展定制化服务业务，改造提升众多中小水电站发电设备自动化水平，实现与用户的双赢目标。

3.1.4 生物质能利用技术

生物质是指通过光合作用而形成的各种有机体，包括所有的动植物和微生物。所谓生物质能，就是太阳能以化学能形式贮存在生物质中的能量形式，即以生物质为载体的能量。它直接或间接地来源于绿色植物的光合作用，可转化为常规的固态、液态和气态燃料，取之不尽、用之不竭，是一种可再生能源。生物

质能的原始能量来源于太阳，所以从广义上讲，生物质能是太阳能的一种表现形式。生物质的形成是固碳过程，在使用中不增加大气中的碳，具有天然的碳中性特征，是全生命周期分析意义上的碳平衡和零碳能源，具有独特的负碳排放作用。生物质能的“负碳属性”主要表现在农林作物在生长过程、生物质原料能源利用两大方面。地球上生物质能资源丰富、分布广泛，是清洁低碳的碳中性能源。我国可利用生物质资源量折合标准煤约 4.6 亿吨，其中已利用资源量折合标准煤 2200 万吨，剩余可利用资源量折合标准煤 4.38 亿吨。生物质能具有天然碳中和属性，对实现“双碳”目标具有重要战略意义。“十四五”是我国加快气候行动的关键期，开发有效降碳路径至关重要。国际能源署对生物质能在碳减排中的重要性进行了充分论证，认为生物质能与碳捕捉、封存与利用技术结合是实现碳中和的重要手段。生物质能的开发与利用完全符合乡村振兴战略发展理念。在实施乡村振兴战略过程中，将薪柴、秸秆等传统生物质资源就地转化为清洁高效的现代生物质电、热、气等高品位能源，对建设美丽乡村具有重要现实意义。

“双碳”目标是我国经济进入高质量发展的内在要求和必然趋势。根据可再生能源应用的不同领域，电力系统建设也在发生结构性转变，可再生能源发电已开始成为电源建设的主流。生物质发电技术是目前生物质能应用方式中最普遍、最有效的方法之一。若结合生物能源与碳捕集和储存（BECCS）技术，生物质能将创造负碳排放。未来，生物质能将在各领域为我国 2030 年碳达峰、2060 年碳中和作出巨大减排贡献。生物质发电装机容量虽然总体规模不大，但具有分散性、高利用率，年利用小时数可达六七千小时，有利于与新能源互补的特点，更有利于促进农业、农民、农村发展。生物质能的开发利用不仅能改善生态环境，有力支撑美丽宜居乡村建设，还能解决我国农村的能源短缺，推进农村能源革命，并促进绿色农业发展，创造新的经济增长点，是实现能源、环境和经济可持续发展的重要途径。

3.1.4.1　发展现状

（1）全球生物质能利用技术

瑞典的煤炭和石油资源相对匮乏，可再生能源占能源消费总量的 52% 左右。从 2009 年开始，瑞典的生物质能消费量超过了石油，成为第一大能源。目前，瑞典的生物质能消费量超过水电和核电的总和，约占能源消费总量的 34%。瑞典利用生物质能的主要形式包括生物质发电和供热、交通领域使用的生物柴油、生物乙醇、沼气等。20 多年来，全部温室气体减排量的 25% 来源于生物质能的利用，生物质能成为名副其实的第一大能源，为瑞典的经济发展和生态环境保护作出了重要贡献。美国于 2003 年出台了《生物质技术路线图》，计划 2020 年使生物质能源和生物质基产品较2000年增加20倍，达到能源总消费量的25%（2050年达到50%），每年减少碳排放量1亿吨。美国政府早在20世纪90年代就已注重热电联产，同时改进了温室气体排放计算标准，为生物质热电企业在竞争中创造了有利条件。目前，美国已有超过450座生物质发电厂且仍在不断增长。

（2）国内生物质能利用技术

我国在20世纪就开始进行生物质能的利用，但由于当时的市场环境不完善和政策执行力度不够，因此发展缓慢。在生物质制电方面，装机容量已经连续三年位居世界第一。截至2020年年底，全国生物质发电累计并网装机2962.4万千瓦，新增装机543万千瓦。其中，垃圾焚烧发电1536.4万千瓦，农林生物质发电1338.8万千瓦，沼气发电87.2万千瓦。2006年，我国第一个规模化生物质直燃发电项目——国能单县生物发电有限公司投产，主要采用丹麦生物质直燃发电设备和技术。此后，生物质规模化并网发电项目有了大规模发展。我国生物质直燃发电技术在丹麦技术基础上，在发展过程中不断进行国产化改进。目前我国现有生物质发电热电联产模式应用比例较小，有待进一步推广和应用。

3.1.4.2 典型工程实践

肇东生物质热电联产项目是黑龙江省“百大项目”之一，项目配置1台150吨/时高温超高压循环流化床生物质锅炉和1台40兆瓦高温超高压一次中间再热凝汽抽汽式汽轮发电机组。投产后，年消耗糠醛渣15万吨、秸秆20万吨以上，年发电2.6亿千瓦·时，供热面积120万平方米，将为肇东地区电力供应、冬季供暖、解决就业以及环境改善等方面提供有力保障。

3.1.4.3 发展趋势和方向

目前，我国生物质能利用技术产业化程度不尽相同。生物质热电技术产业化水平较高，甚至达到国际先进水平，但生物质制气、生物液体燃料技术与先进国家的差距依然较大；生物质能利用技术发展相对滞后，政策扶持力度不足，使生物质能产业发展依然面临巨大挑战。未来，我国生物质能利用技术应从以下几个方面开展研究：①开展生物质发电技术研究，包括生物质燃料成分实时检测技术、防腐蚀材料与装备技术、超低排放技术、生物质发电厂作为灵活调节电源的系统调节技术与生物质电厂碳捕捉技术等；②开展生物质储能技术研究，包括生物质高效收储运技术、生物质成型燃料技术、生物质天然气技术和生物质液体燃料等方面；③研究基于生物质能的多能融合技术，包括我国农村基于清洁能源供给的多能融合模式、农村多能融合综合能源系统研究、农村规模化养殖场的清洁用能研究、“四表合一”农村综合能源云平台与碳排放全景及农业碳排放研究。

3.1.5 核能技术

利用原子核内部蕴藏的能量产生电能称为核电，核电应用的核能一般是指核裂变能，核电厂的燃料是铀，而反应堆是核电站的关键设计，链式裂变反应就在其中进行。火力发电站利用煤和石油发电，水力发电站利用水力发电，而核电站是利用原子核内部蕴藏的能量产生电能的新型发电站，核电厂就是一种靠原子核内蕴藏的能量，大规模生产电力的新型发电厂。自 1951 年 12 月美国实验增殖堆 1 号（EBR–1）首次利用核能发电以来，世界核电至今已有 60 多年的发展历史。核电作为清洁低碳能源，环保效果明显，对“双碳”目标具有重要贡献。以两台“华龙”1 号机组为例（单机电功率为 120 万千瓦），与同等容量燃煤火电厂相比，每年可以减少煤炭消耗 600 万吨标煤、减少二氧化碳排放 1700 万吨、减少产生酸雨的氮氧化物及二氧化硫排放累计约 15 万吨，减排效应相当于造林面积 4.6 万公顷。核电是新型电力系统的重要组成部分，积极稳妥发展核电将为“双碳”目标的实现贡献重要力量。

3.1.5.1 发展现状

（1）全球核电技术

截至 2021 年一季度末，全球在运行核电机组 444 台，装机容量 3.94 亿千瓦；在建核电机组 53 台，装机容量 0.57 亿千瓦。在经济总量排名靠前的国家中，发达国家核能占一次能源消费比例多年保持在 4%~9%。国际能源署的研究表明，核能是世界发达经济体最大的低碳能源，在欧美等发达国家碳达峰过程中发挥了重要作用，美国和欧盟的核能发电量占比均在 20% 左右，欧盟核能发电已占其低碳发电总量的 50%，每年减少二氧化碳排放约 7 亿吨。对于国外先进核电国家，第二代和第三代核电技术相关体系已发展成熟，目前主要开发先进小型堆核能技术。多用途的小型堆开发已成为全球核能发展的热点。国际原子能机构于 2020 年发布的《小型模块化反应堆技术进展》共收录了 72 种小型堆核能技术，研发国家主要包括中国、俄罗斯、美国、日本等。

（2）国内核电技术

第一代核电站为原型堆，其目的在于验证核电设计技术和商业开发前景；第二代核电站为技术成熟的商业堆，在运的核电站绝大部分属于第二代核电站；第三代核电站为符合美国用户要求文件或欧洲用户要求文件要求的核电站，其安全性和经济性均较第二代有所提高，属于未来发展的主要方向之一；第四代核电站强化了防止核扩散等方面的要求，处在原型堆技术研发阶段。我国第二代核电技术已经发展成熟，完成了大规模商用推广，成为目前在运核电机组的主力；第三代核电技术已经完成示范堆建设，目前处于大规模商业化推广阶段，成为在建和待建核电机组的主力；第四代核电技术正处于研发阶段，距离商业化应用还存在较长时间的差距。目前及今后相当一段时间内，我国核电技术发展路径将以规模化核电站的建设以第三代及第三代优化技术为主，同时积极研究开发第四代技术。

3.1.5.2 典型工程实践

“华龙”1号（HPR1000）是由中国核工业集团和中国广核集团共同开发，具有完整自主知识产权的百万千瓦级压水堆核电技术，其设计采用先进的安全设计理念与技术，具有创新性的设计特征，满足最新的安全要求和国际上第三代核电的用户要求。“华龙”1号是在我国30余年核电科研、设计、制造、建设和运行经验基础上，研发设计的具有完全自主知识产权的三代核电技术。目前，“华龙”1号全球首堆已于2021年1月正式投入商业运行，标志着我国在三代核电技术领域已经打破国外技术垄断，跻身世界前列。2021年2月，继全球第三台“华龙”1号机组首次实现满功率运行之后，“华龙”1号海外示范工程、全球第四台机组——巴基斯坦卡拉奇核电工程3号机组反应堆首次达到临界状态，标志着机组正式进入带功率运行阶段，为后续并网发电和商业运行奠定了基础。

3.1.5.3 发展趋势和方向

为构建新型电力系统，支持“双碳”目标的实现，打破束缚发展的制约因素，促进我国核电可持续发展，我国未来核电技术发展方向主要包括：加大核电建设和核能综合利用开发力度，核电与核能综合利用并重，推动高温气冷堆、快堆、熔盐堆等新一代先进核能技术发展，使核能在保障能源安全和应对气候变化战略上作出更大的贡献；全面实现关键核心设备和材料国产化，解决制约核电发展的“卡脖子”问题；完善标准体系建设；实现核电分析软件自主化；建立核电机组延寿技术和管理体系；掌握先进燃料技术和燃料循环技术；掌握乏燃料后处理及放射性废物处理处置技术。

3.1.6 氢能技术

氢是可储存、可移动、能控制的二次清洁能源，是理想的电力能源载体。把氢作为能源进行开发利用，是应对全球气候变化、保障国家能源安全、实现全社会低碳转型的重要手段。氢能技术将助力世界进入清洁能源时代，改变世界能源产业格局，并显著改善人类生产和生活方式。氢能是化石能源向可再生能源过渡的重要选择，而未来氢能技术将实现不依赖化石能源的可持续供给循环。据预计，2050年氢能将占全球能源消耗总量的20%，可减排二氧化碳60亿吨/年，氢工业产业链年产值将达到2.5万亿美元。作为重要的温室气体排放行业，电力行业尤其是发电行业，应尽快发展包括氢能在内的新型能源应用，实现行业的能源零碳转型。

氢能技术的规模化应用横跨电力、燃料和供热三大领域，可促使能源供应端融合，将使电力能源产生、输运与使用过程完全解耦，彻底改变传统电力系统运行和管理模式，有效提高能源利用效率。氢能技术对电力能源系统的发、输、配、用等各环节具有重要支撑，可实现常规电力削峰填谷，提高电力系统效率、安全性和经济性；可实现可再生能源发电大规模接入，有效改善能源结构，解决弃风、弃光等问题。氢能技术是新能源汽车、电动轮船、电动飞机、轨道交通、智能建筑、通信基站、数据中心、工业节能、智能制造、国家安全的共性支撑技术，已成为各国竞相发展的战略性新兴产业方向。

随着可再生能源装机快速增长以及用户侧负荷的多样性变化，电网面临诸多问题与挑战。在碳中和目标下，氢能作为新兴零碳二次能源得到快速发展，为电力系统发展带来了难得的机遇。一是利用可再生能源电制氢，促进可再生能源消纳；二是利用氢储能特性，实现电能跨季节、长周期、大规模存储；三是利用氢能电站快速响应能力，为新型电力系统提供灵活调节手段；四是推动跨领域、多类型能源网络互联互通，拓展电能综合利用途径。加快发展氢能产业，是应对全球气候变化、实现“双碳”目标、保障国家能源安全和实现经济社会高质量发展的战略选择。预计到2060年，氢能在终端能源消费中的比重约为20%。

3.1.6.1　发展现状

（1）全球氢能技术

随着氢能利用技术逐渐成熟以及全球应对资源环境问题压力持续增大，美国、日本、欧盟、中国等国家和地区相继制定了氢能发展战略。美国在密集推动氢能技术研发和产业推广的同时，一直强调和培养美国在氢能领域的国际影响力。2003年，在华盛顿成立了由美国、澳大利亚、巴西、加拿大、中国等参加的《氢经济国际伙伴计划》。欧盟25国开展了合作研究ERA（European Research Area）项目，其中包括建设欧洲氢能和燃料电池技术研发平台，重点攻关氢能和燃料电池领域的关键技术。2013年、2015年、2016年，欧盟先后启动“地平线2020”计划（Horizon2020）、Hydrogen Mobility Europe（H2ME）的H2ME1计划和H2ME2计划。

（2）国内氢能技术

2018年，由国家能源集团牵头，联合17家大型企业、知名高校、研究机构共同发起中国氢能源及燃料电池产业创新战略联盟（中国氢能联盟），致力于成为推动我国氢能源及燃料电池产业实现跨学科、跨行业、跨部门协同创新、资源整合、产业协同、交流宣传的国家级高端交流与合作平台。2019 年 3 月，加拿大燃料电池企业巴拉德电力系统公司与中国潍柴动力公司合作，联合开发下一代质子交换膜燃料电池电堆，以及下一代质子交换膜燃料电池模组。2018 年，在“中日节能环保综合论坛”上，中日双方确认将推进燃料电池等面向氢能源应用的基础设施建设等合作，中日民间企业就氢能源领域等 24 个具体合作项目交换协议文件。我国氢能领域的国际间合作、交流日益增加，也成为人才培养的重要环节。

3.1.6.2 典型工程实践

（1）兰州新区千吨级“液态太阳燃料合成示范项目”

该项目是大连化学物理研究所李灿院士根据我国能源与生态环境现状建议在西部地区最先试行的一个千吨级示范项目。液态太阳燃料合成提供了一条从可再生能源到绿色液体燃料甲醇生产的全新途径，利用太阳能等可再生能源产生的电力电解水生产“绿色”氢能，并将二氧化碳加氢转化为“绿色”甲醇等液体燃料，被形象地称为“液态阳光”。

（2）张家口海珀尔制氢、加氢项目

张家口海珀尔制氢、加氢项目建设内容包括 1 座制氢站和配套加氢站。制氢站利用风电电解水制氢技术。项目建成后，可实现年产纯度为 99.999% 的氢气 1600 万立方米，对张家口可再生能源示范区建设有着重要的示范意义。该项目于 2019 年年底投产，可为 300 辆氢燃料电池公交车提供氢燃料补给（图 3.7）。

3.1.6.3 发展趋势和方向

因技术瓶颈和经济性等原因，氢能当前还不具备大规模推广的条件，建议示范先行，随着技术的进步与产业的成熟逐步推广、有序发展。针对电氢耦合产业发展存在的问题，建议从顶层设计、跨专业联合攻关、标准化工作、示范建设加强布局。

图 3.7 氢燃料电池公交车在海珀尔制氢厂加氢站加氢

一是加快推进电氢协同和顶层政策设计。基于新型电力系统，针对电氢耦合发展，开展激励政策设计，进行应用引导和优化补贴。

二是加强跨专业联合攻关及产学研协同研究。加强跨领域跨产业联合攻关，突破关键技术和卡脖子技术。加强电氢基础研究，培育电氢耦合跨专业联合科研创新团队建设，从产、学、研、用多方位协同加速推动电氢耦合产业发展。

三是建立健全电氢耦合标准体系。从风光可再生能源制氢、氢能电站、电氢耦合运行控制等方向，推进能源电力领域电氢耦合的标准化工作，构建并进一步完善氢能与电网耦合领域的标准体系，促进氢能在电力系统应用工程的标准化建设和规范化管理。

四是加快典型示范工程建设。围绕绿氢生产基地，开展风光氢储试验和示范工程，提升可再生能源利用率；在新型电力系统建设的重点省市，建设氢储能电站，参与电网灵活性调节；在国家氢能试点城市，重点在重卡、物流需求密集区，因地制宜建设分布式制氢和充电站融合综合能源服务站，开展电氢耦合技术的工程化示范，打造电氢耦合精品示范工程。

3.1.7　其他清洁能源

3.1.7.1　地热能技术

（1）地热能简介

地热能是蕴藏在地球内部的热能，具有储量大、分布广、绿色低碳、可循环利用、稳定可靠等特点，是一种现实可行且具有竞争力的清洁能源。开发利用地热能资源可以减少温室气体排放，改善生态环境，是能源结构转型的新方向。全球地热能基础资源总量是当前全球一次能源年度消费总量的200万倍以上。

近年来，全球地热发电装机容量快速增长。截至2020年年底，全球地热发电装机达到15608兆瓦，在过去五年间发电装机增长约27%。虽然目前地热发电仅占全球非水可再生能源装机的比重约1%，但贡献了非水可再生能源发电总量的3%以上。

地热资源供应稳定，未来地热发电技术的普及应用可成为可再生能源电力稳定的重要支撑。根据目前各类可再生能源装机运行情况，地热发电在可再生能源装机中具有极高的可靠性。

（2）地热发电核心技术及发展方向

地热发电技术的突破是地热发电走向多元化和规模化的关键所在。地热发电技术亟待解决的重大科学问题涉及热电高效转换技术、干热岩高效开发与利用技术、热能高效利用技术、高温钻完井技术、地热能联合发电技术、中低温发电技术以及干热岩储层改造技术等。上述科学技术问题的研究与突破可显著降低地热发电的技术风险以及发电开发成本，提升发电过程配套装置的成套设计和制造能力。其中，干热岩地热资源总量远高于传统水热型地热资源，但需要通过人工压裂和注采循环实现发电，加快其商业化推广进程，将有望成为未来战略性替代资源之一。

（3）地热能利用典型工程

2017 年 7 月 5 日，“瑞丽 100 兆瓦地热发电项目”一期 4 兆瓦发电机组的第一台 1 兆瓦发电设备在云南省德宏州瑞丽市进行了首次地热发电实验。机组在并网过程中设备各项参数正常，状态控制良好，标志着该机组具备了发电能力。2018 年 1 月 13 日，分布式地热发电集装箱组项目一期工程全部四台发电设备发电试验成功。2018 年，瑞丽地热 10 兆瓦发电站净发电量已达到 1.2 兆瓦，该电站仍在扩建之中。项目就地打井就地发电，电站实现集约化、小型化，井口流体温度 130~150℃，达到中温发电的水平。

3.1.7.2 海洋能

海洋能是一种蕴藏在海洋中的可再生能源，包括潮汐能、波浪引起的机械能（波浪能）等。我国蕴藏着丰富的海洋能资源，预测可开发利用量达 10 亿千瓦。大力发展海洋可再生能源开发与利用技术，可满足或补充海岛开发、海上设备运行、沿海地区用电等需求，对保护海洋生态环境、发展海洋经济、推进生态文明建设具有重要战略意义。

（1）潮汐能

潮汐能包括潮流和潮汐两种不同运动方式所蕴含的能量，这种能量是无污染、可再生的能量。据联合国教科文组织提供的数据，全球可利用的海洋能源高达 800 亿千瓦。近海（距海岸 1000 米以内）水深在 20~30 米的水域是兴建潮汐电站的理想海域。目前，潮汐能主要用于发电，即将海水规律涨落的能量转换成电能。潮汐发电与普通水力发电原理类似，通过出水库，在涨潮时将海水储存在水库内，以势能的形式保存；在落潮时放出海水，利用高、低潮位之间的落差推动水轮机旋转，带动发电机发电。菲律宾、印度尼西亚、中国、日本海域都适合兴建潮汐电站，并且随着技术的日趋完善，潮汐电站的发电成本将进一步降低，而电站提供的电能质量会越来越高，潮汐能发电技术的大规模商业化应用也会逐步实现。在中国沿海城市开发和利用潮汐能、建设潮汐电站也是新能源开发与利用的重要方式。

潮汐发电目前存在的主要技术问题有机组造价较高，工程投资较大；水头低；发电不连续；泥沙淤积；机组金属结构和海工建筑物易被海水及海生物腐蚀及污染等问题。需要突破的关键技术包括：①先进控制和流体动力技术，有助于进一步提升潮汐能发电机组的技术性能，进一步降低成本和提高效率；②研发具有防腐蚀性的潮汐电站海下原材料，采用与海洋植物或者与海洋生物相适应的原材料或防腐膜，可以省去定期的清理工作，节省人力物力，减少发电成本，还可以减少对海洋生物的影响。

江厦潮汐电站是中国第一座双向潮汐电站，位于浙江省温岭市乐清湾北端江厦港。该电站以发电为主，兼有海涂围垦、海水养殖等综合效益。电站设计装机容量 3900 千瓦，现装机 3200 千瓦，年发电量约 1000 万千瓦·时，以 35 千伏电压向温州电网供电。库区围垦土地 5600 亩（1 亩 ≈ 666.7 平方米），其中可耕地 4500 亩，种植水稻、柑橘等已初获成功，并已试养牡蛎等海产品。

（2）波浪能

波浪能发电是通过波浪能装置将波浪能首先转换为机械能（液压能），然后再转换成电能。这一技术兴起于 20 世纪 80 年代初，西方海洋大国利用新技术优势纷纷展开实验。波浪能具有能量密度高、分布面广等优点。它是一种取之不竭的可再生清洁能源，尤其是在能源消耗较大的冬季，可以利用的波浪能能量也最大。小功率的波浪能发电已在导航浮标、灯塔等方面得到推广应用。

我国有广阔的海洋资源，波浪能的理论存储量为 7000 万千瓦左右，沿海波浪能能流密度约为每米 2~7 千瓦。在能流密度高的地方，每 1 米海岸线外波浪的能流就足以为 20 个家庭提供照明。

波浪能发电方式数以千计，按能量中间转换环节主要分为机械式、气动式和液压式三大类。机械式装置多是早期的设计，往往结构笨重，可靠性差，未获实用。气动式装置使缓慢的波浪运动转换为气轮机的高速旋转运动，机组缩小，且主要部件不与海水接触，提高了可靠性。对称翼气轮机已在英国、中国新一代导航灯浮标波浪能发电装置和挪威奥依加登岛 500 千瓦波浪能发电站获得成功应用。采用对称翼气轮机的气动式装置是迄今最成功的波浪能发电装置之一。液压式如聚焦波道装置有海水库储能，可实现较稳定和便于调控的电能输出，但对地形条件依赖性强，应用受到局限。

2020 年 6 月，自然资源部海洋可再生能源项目“南海兆瓦级波浪能示范工程建设”首台 500 千瓦鹰式波浪能发电装置“舟山”号正式交付。该 500 千瓦波浪能发电装置是该波浪能场的首台进场装置，拥有中国、美国、英国、澳大利亚四国发明专利，设计图纸获法国船级社认证，是我国目前最大功率的波浪能发电装置。

3.2 常规化石能源低碳化技术

3.2.1 煤电低碳化技术

3.2.1.1 总体概述

随着“双碳”目标的提出，未来可再生能源在我国能源结构中将占据主导地位，而煤电将由传统提供电力、电量的主体性电源，向提供可靠电力供应的保障性、调节性电源转变，积极参与调峰、调频、调压、备用等辅助服务，提升电力系统对新能源的消纳能力。同时，煤电继续向高效、低碳方向发展。一方面，通过进一步提高机组效率，从而降低单位发电量的碳排放；另一方面，通过采用二氧化碳捕集技术，实现煤电机组近零碳排放。

在“双碳”目标下，煤电领域需要不断减少碳排放，但是保有一定的煤电量对我国电力系统安全稳定具有重要意义。以光伏、风电为代表的新能源具有随机性、波动性和间歇性特点，增加了系统调节负担；核电不宜频繁调节；水电具有丰水期和枯水期的季节性特点；加之目前全球气候极端天气频发，这些都对电力系统的稳定可靠性提出新挑战。煤电具有可靠性、灵活性的特点，不仅可以跟随负荷变化调节自身出力，还要平抑新能源的出力波动，是影响新能源发展与消纳的重要因素。

3.2.1.2 发展现状

（1）高效燃煤发电技术

超高参数超超临界燃煤发电技术：超高参数超超临界燃煤发电是指将燃煤发电机组参数从现在的600℃等级进一步提升至650℃等级乃至700℃等级，从而达到提升发电效率的目的。过去的几十年，煤电机组一直都在向大容量、高参数发展。目前，全世界煤电机组的蒸汽参数稳定在600℃等级，部分机组提高到620℃等级。机组容量基本上以600兆瓦和1000兆瓦为主。我国在高参数超超临界发电技术方面已经达到世界先进水平，600℃等级机组性能指标名列前茅。在700℃等级发电技术领域的研发起步较晚，但是也取得了阶段性成果。在700℃等级超超临界蒸汽发电技术的基础上进一步提升温度参数，发电系统效率提升有限，即便温度达到800℃，净效率也很难突破55%。因此，未来在实现700℃等级超超临界燃煤发电机组商用后，不建议向更高参数发展。

超临界二氧化碳循环高效燃煤发电技术：超临界二氧化碳循环高效燃煤发电技术是通过采用超临界二氧化碳代替水作为循环工质，采用布雷顿循环代替朗肯循环作为动力循环的一种新型燃煤发电技术。我国在该领域的研究与国外的研究基本同步，西安热工研究院有限公司、中国科学院、中国核动力研究院、清华大学、西安交通大学等单位相继开展了超临界二氧化碳循环的相关研究。国家科技部相继支持“超临界二氧化碳太阳能热发电关键基础问题研究”“超高参数高效二氧化碳燃煤发电基础理论研究与关键技术研究”“兆瓦级高效紧凑新型海洋核动力装置基础理论及关键技术研究”等重点研发计划项目。经过不懈的努力，国内在超临界二氧化碳循环构建、超临界二氧化碳流动传热机理等方向上的部分成果达到了国际先进水平。

煤电低碳化节能提效综合技术：影响我国大型煤电机组能耗特性的因素，既有运行负荷、燃料特性及环境温度等外部条件，也有机组本身的性能缺陷及运行管理水平等内部因素。为实现煤电机组全工况运行优化，需要对系统进行节能诊断，查清全工况下各热力设备的性能，获得热力系统的能耗特性。煤电低碳化节能提效综合改造技术是将煤电机组看作一个整体，在燃煤发电系统中采取技术上可行、经济上合理以及环境和社会可以承受的技术措施，以强化传热传质、热量梯级利用、能量合理利用、辅机提效及调速改造以及其他优化运行手段为技术导向，对煤电机组进行整体节能提效改造。华能上都电厂 2 号机组开展了节能提效综合改造技术集成应用示范，实施了先进节能技术 19 项。通过节能提效综合改造技术的应用，机组厂用电率下降约 3%，平均供电煤耗下降约 18.7 克 / 千瓦・时。

机组延寿综合提效技术：对于达到设计使用寿命，且锅炉、汽轮机大部分承压部件均出现不同程度的设备老化，影响到剩余寿命的机组而言，通过机组延寿改造并同步实施提升参数改造可大幅提升机组的经济性。我国“十四五”期间达到设计期限的 20 万千瓦及以上煤电机组有 87 台，合计容量约 0.26 亿千瓦。未来十年（2021—2030 年），我国有 252 台容量 20 万千瓦及以上煤电机组陆续达到设计期限，总容量约 0.82 亿千瓦，约占目前煤电总容量（按 2020 年年底 10.8 亿千瓦计）的 7.6%。其中，300 兆瓦亚临界及以上机组 205 台，占 10 年内设计期满机组容量的 88%。

（2）煤电机组参与灵活调峰

当前，可靠、灵活的煤电机组对我国新能源电力的消纳仍发挥着不可或缺的作用。 2020 年，煤电发电量约 4.8 万亿千瓦・时（占全社会总发电量的 65%），年利用小时为 4400 小时，负荷率约 50%。若负荷率降至 30%，年利用小时为 2600 小时，年发电量将减少至 2.8 万亿千瓦・时，可为新能源上网腾出空间，且保持煤电的调峰备用功能。

煤电调峰备用后，整个行业的燃煤量减少约 53400 万吨。按燃煤机组少烧 1

吨标煤减排2.87吨二氧化碳算，年合计减排15.3亿吨二氧化碳。①在目前基础上，煤电机组调峰备用年合计减排15.3亿吨二氧化碳，平均到每厂机组约168万吨。用减排量弥补费用缺口，则每吨二氧化碳应售出价格为235元/吨。所以对于腾出上网空间的调峰备用煤电机组，建议进行碳交易补偿，价格约250元/吨。②对于在极端情况下能及时满足电力系统特殊要求的机组，给予特殊的资金奖励，务必保证煤电行业的稳定，以保证煤电机组调峰备用功能不被荒废。

3.2.1.3 发展趋势

煤电机组降低供电煤耗，实现碳减排的驱动有三方面：第一方面是机组构成的变化，大量低效机组被高效机组替代，总体能耗水平降低；第二方面是大量节能降耗技术逐步推广，使得在役机组的能耗水平逐年降低；第三方面是承担的供热负荷逐年增加，能源利用效率不断提升。

当前，我国300兆瓦及以上等级煤电机组平均供电煤耗约305克/千瓦·时，按照2020年燃煤机组发电量为4.8万亿千瓦·时，则全年消耗标煤约14.6亿吨，二氧化碳排放约42亿吨。

根据相关预测，到2030年，煤电发电量约为4.85万亿千瓦·时，按照平均供电煤耗下降16.3克/千瓦·时，则全年二氧化碳排放约为40亿吨，与目前水平接近，基本可实现本行业内的碳达峰（略有降低）。

2060年，全年发电总量约16.5万亿千瓦·时，煤电发电量约4.5万亿千瓦·时，按照平均供电煤耗下降36.3克/千瓦·时，则全年二氧化碳排放约34.6亿吨，即便所有的煤电机组效率都提高到50%以上，煤耗降低到250克/千瓦·时，还有大约32亿吨二氧化碳排放。

3.2.2 气电低碳化技术

3.2.2.1 总体概述

“十五”以来，天然气发电已成为我国清洁能源发电技术的重要组成部分。国内通过三批“打捆”招标及后续招标项目，引进了以F级和E级为主的燃气轮机（以下简称燃机）及其联合循环机组，近年来先进的G/H/J级燃机及其联合循环机组也逐渐在我国开始推广应用。截至2021年1月18日，我国天然气发电装机容量已突破1亿千瓦，天然气发电装机容量在我国发电总装机容量中占比约4.5%。尽管由于同期风力发电、光伏发电等低碳电力迅猛发展，天然气发电在我国发电总装机容量的比重增长并不明显，特别是近5年，基本维持在4.3%~4.5%；但天然气发电在火电装机容量的比重却保持持续增长态势，由2010年的4.1%增长为2020年的8.9%。

目前，天然气发电的核心设备——重型燃机的关键技术被国外燃机生产商三菱、通用电气、西门子、安萨尔多所垄断，国内制造商仍不具备燃机整机设计研发能力以及热端部件的制造维修能力，这在一定程度上制约了天然气发电在我国的发展。为此，2016 年国家实施“两机”重大专项，旨在重型燃机领域进行长期的研发投入，推进重型燃机设计制造技术的自主化，实现 F 级 300 兆瓦燃机的自主研制，并为后续更高级别、更大容量燃机的自主研发奠定基础。

3.2.2.2　发展现状

（1）高效天然气发电技术

提高天然气发电效率是实现节能减排的有效手段。先进 F 级燃机简单循环效率超过 38%，联合循环效率超过 59%。先进 G/H/J 级燃机简单循环效率超过 42%，联合循环效率超过 62%，而上述燃机及其联合循环机组在其 50% 额定负荷以下运行效率依然能够达到 55%。

目前，国外燃机制造商正在开发适用于燃机的新型高温基体、涂层材料及先进冷却技术，以适应 1700℃的燃机透平前温，并使联合循环额定效率进一步提高至 65%。此外，应用于小型天然气热电联产或分布式能源项目的小 F 级燃机简单循环的额定效率也超过 36%，联合循环额定效率超过 55%。

（2）天然气发电调峰技术

高效、灵活的天然气发电调峰可帮助电网持续消纳以风力发电和光伏发电为主的可再生能源发电，保障电网安全稳定运行，助力电力能源低碳化。我国天然气发电调峰机组以 F 级、G/H/J 级燃机及其联合循环机组为主，且根据不同的轴系配置方案，其调峰灵活性存在较大差异，主要体现在启停时间、负荷调节范围以及负荷调节速率等方面。

3.2.2.3　发展趋势

在“双碳”目标下，高效、灵活、低碳的天然气发电将持续为我国能源电力低碳化转型服务。天然气发电将与可再生能源形成优势互补，共同构建低碳能源体系。根据“双碳”目标下我国发电行业的碳排放总量及单位碳排放量的变化趋势和低碳化天然气发电技术的发展情况，预计：①到 2030 年，天然气发电装机容量将达到约 2.33 亿千瓦，天然气发电量达到约 0.51 万亿千瓦·时（年利用小时数约 2190 小时）。根据天然气发电技术的发展和应用情况，预计届时在役天然气发电机组中将以高效 F 级燃机及其联合循环机组为主，天然气发电的单位碳排放量将降至约 340 克 / 千瓦·时，天然气发电碳排放总量约 1.73 亿吨。相比于 2019 年，通过天然气发电效率的提升以及天然气发电的调峰作用，将使我国发电行业二氧化碳排放总量减少约 0.56 亿吨。②根据天然气发电技术的发展和应用情况，预计2030—2060年，在役天然气发电机组将逐渐以高效H级燃机及其联合循环机组为主。由于天然气发电机组效率的提升，单位碳排放量预计降低约30克/千瓦·时，减少二氧化碳排量约0.19亿吨。在以可再生能源发电为主的电力体系下，天然气发电将作为主要的调峰电源助力电力能源低碳化发展。相比于2030年，天然气发电年利用小时将进一步下降约300小时，预计可为可再生能源发电进一步腾出发电量约0.17万亿千瓦·时，减少二氧化碳排量约0.34亿吨。相比于2030年，通过天然气发电效率的提升以及天然气发电的调峰作用，将使我国发电行业二氧化碳排放总量进一步减少约0.53亿吨。

3.2.3 CCUS技术

3.2.3.1 总体概述

CCUS是指将二氧化碳从工业过程、能源利用或大气中分离出来，直接加以利用或注入地层以实现二氧化碳永久减排的过程。CCUS按技术流程分为捕集、输送、利用与封存等环节（图3.8）。碳中和目标下，大力发展CCUS技术是我国未来减少二氧化碳排放、保障能源安全的战略选择，同时是构建生态文明和实现可持续发展的重要手段。2021—2060年，CCUS发展路径已经成为影响当前我国碳中和约束下的排放路径研究的关键性锚点，对未来高排放行业（火电、钢铁、水泥等）发展情景和规划，以及电力电源结构（非化石能源发电占比）调整等起到非常重要的影响。我国高度重视CCUS技术发展，稳步推进该技术研发和示范，成效显著。

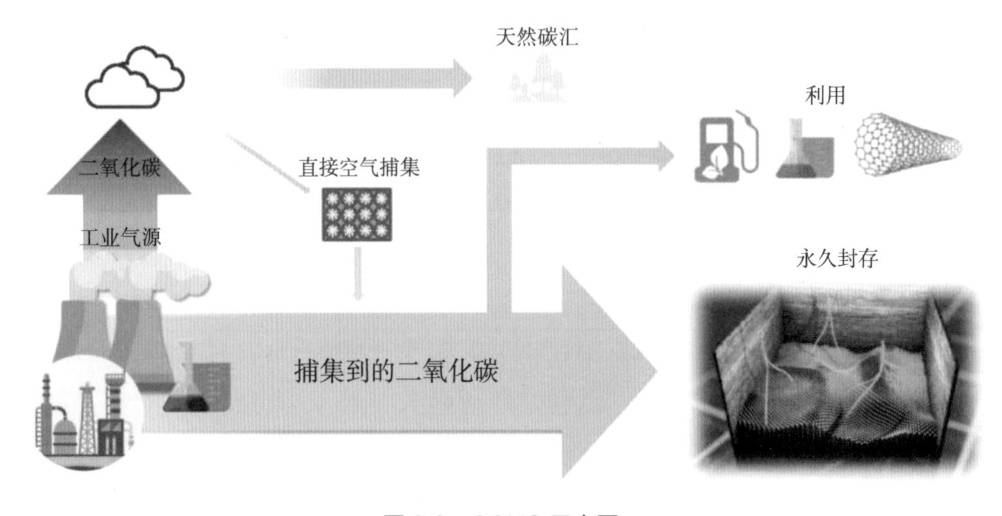

图3.8　CCUS示意图

3.2.3.2 发展现状

（1）全球 CCUS 技术

国际上 CCUS 技术应用推广取得显著进展，进入高速发展时期，主要为政府支持结合私有投资开展 CCUS 技术研发和百万吨级 / 年以上的大规模工程示范。加拿大和美国在此领域处于领先地位。2014 年 10 月，世界首个燃煤电厂 100 万吨 / 年二氧化碳捕集项目——加拿大 SaskPower 公司边界大坝项目正式投运，碳排放指标由 1100 克 / 千瓦・时降至 120 克 / 千瓦・时。2017 年 1 月，世界最大的燃煤电厂二氧化碳捕集工程——美国 Petra Nova 项目正式启动运营，设计规模 140 万吨 / 年。2020 年，美国运营中的 CCUS 项目增加至 38 个，约占全球运营项目总数的一半，二氧化碳捕集量超过 3000 万吨。欧盟、日本也十分重视 CCUS 技术的研发应用。2020 年，欧盟有 13 个商业 CCUS 项目在运行，另有约 11 个项目计划在 2030 年前投运。日本的 CCUS 项目多为海外投资，例如美国的 Petra Nova 项目等。

二氧化碳利用方面，国际上二氧化碳加氢生产化学品的研究一直在进行，其中二氧化碳加氢制甲醇是研究的热点。在世界范围内，二氧化碳加氢制甲醇在冰岛首先实现了产业化，2012 年冰岛国际碳循环公司建成产能达到千吨 / 年二氧化碳制甲醇工厂，通过电解水制氢将工业废气二氧化碳转化成甲醇液体燃料。

（2）国内 CCUS 技术

我国已具备大规模捕集利用与封存二氧化碳的工程能力，CCUS 技术项目遍布 19 个省，捕集源的行业和封存利用的类型呈现多样化分布，13 个涉及电厂和水泥厂的纯捕集示范项目总体二氧化碳捕集规模达 85.65 万吨 / 年，11 个二氧化碳地质利用与封存项目规模达 182 万吨 / 年。我国二氧化碳捕集源覆盖燃煤电厂的燃烧前、燃烧后和富氧燃烧捕集，燃气电厂的燃烧后捕集，煤化工的二氧化碳捕集以及水泥窑尾气的燃烧后捕集等多种技术。二氧化碳封存及利用涉及咸水层封存、提高石油采收率（Enhanced Oil Recovery，EOR）、驱替煤层气（Enhanced Coal Bed Methane recovery，ECBM）、地浸采铀、二氧化碳矿化利用、二氧化碳合成可降解聚合物、重整制备合成气和微藻固定等多种方式。

我国拥有巨大的潜在 CCUS 应用市场。预计 2030 年一次能源生产总量达到 43 亿吨标煤，二氧化碳排放量 112 亿吨，达到排放峰值。封存和应用方面，以 EOR 为例，全国约 130 亿吨原油地质储量适合使用 EOR，可提高原油采收率 15%，预计可增加采储量 19.2 亿吨，同时封存二氧化碳 47 亿 ~55 亿吨。截至 2017 年年底，全国已建成或运营的万吨级以上 CCUS 示范项目有 13 个。

大规模全流程的集成示范准备项目有 14 个，均处于不同阶段准备过程中，规模大多在 100 万吨以上。吉林油田 EOR 项目的管道和驱油工程实际上已经完成

50 万吨 / 年的建设，正等待外部二氧化碳的供给；胜利油田 EOR 在 2013 年就完成了百万吨级项目的预可研，部分工程已经完成可行性研究；延长集团 EOR 项目正在进行 37 万吨项目的建设和 100 万吨项目的预研。

目前，我国 CCUS 全流程各类技术路线分别开展了实验示范项目，但整体仍处于研发和实验阶段，而且项目及范围都太小。虽然新建项目和规模都在增加，但还缺少全流程一体、更大规模的可复制的经济效益明显的集成示范项目。另外，受现有的 CCUS 技术水平的制约，在部署时将使一次能耗增加 10%~20% 甚至更多，效率损失很大，这严重阻碍着 CCUS 技术的推广和应用。要迅速改变这种状况，就需要更多的资金投入。

3.2.3.3 典型工程实践

齐鲁石化 – 胜利油田 CCUS 项目于 2021 年 7 月启动建设，由齐鲁石化二氧化碳捕集和胜利油田二氧化碳驱油与封存两部分组成，即以齐鲁石化第二化肥厂煤制气装置排放的二氧化碳尾气为原料，生产液态二氧化碳产品，再送往胜利油田进行驱油与封存，覆盖地质储量 6000 万吨，年注入能力 100 万吨，预计未来 15 年可实现增产原油 296.5 万吨，具有保护生态环境和保障国家能源安全的双重意义。该项目作为国内最大 CCUS 全产业链示范基地和标杆性工程，充分发挥中国石化上下游一体化优势，通过统筹二氧化碳减排与利用，将炼化企业捕集的二氧化碳注入油田地层，将难动用的原油开采上来，实现了二氧化碳捕集、驱油与封存一体化应用，使二氧化碳变废为宝。

3.2.3.4 发展趋势

CCUS 技术是中国能源结构以煤为基础的现实条件下实现二氧化碳减排的重要技术手段。据中国《第三次气候变化国家评估报告》测算，到 2030 年和 2050 年，在不同排放空间下，我国 CCUS 的减排贡献将分别达到 1 亿 ~ 12 亿吨 / 年和 7 亿 ~ 22 亿吨 / 年。由于技术成熟度和成本原因，尽管 CCUS 技术在 2030 年以前不会得到大规模发展，但在 2030 年以后随着技术的进步以及碳价的提高，CCUS 技术应用价值的潜力将会大幅度释放。因此，CCUS 技术作为未来的战略性技术，需要及早部署研发、开展示范并逐步实现产业化。未来 CCUS 发展的战略重点为：①低能耗大规模二氧化碳捕集技术，包括燃烧后二氧化碳捕集技术、燃烧前二氧化碳捕集技术、富氧燃烧技术；②二氧化碳资源化利用技术，包括二氧化碳驱油利用与封存技术、二氧化碳驱煤层气与封存技术、二氧化碳矿物转化利用技术、二氧化碳化学转化利用技术、二氧化碳生物转化利用技术；③安全可靠的二氧化碳输送、封存与监测技术，包括安全高效二氧化碳输送与监测工程技术、安全可靠的二氧化碳封存与监测技术。

3.3 风光水火储一体化应用

3.3.1 技术简介

2020年8月，国家发改委、国家能源局共同发布了《关于开展“风光水火储一体化”“源网荷储一体化”的指导意见（征求意见稿）》。文件指出，目前我国电力系统综合效率不高、源网荷等环节协调不够、各类电源互补互济不足等深层次矛盾日益凸显，亟待统筹优化。为提升能源清洁利用水平和电力系统运行效率，更好指导送端电源基地规划开发和源网荷储协调互动，积极探索“风光火储一体化”“源网荷储一体化”实施路径。“风光水火储一体化”侧重于电源基地开发，结合当地资源条件和能源特点，因地制宜采取风能、太阳能、水能、煤炭等多能源品种发电互相补充，并适度增加一定比例储能，统筹各类电源的规划、设计、建设、运营，因地制宜稳妥推进“风光水火储一体化”。其目的就是提升能源利用效率和发展质量、促进我国能源转型和经济社会发展。

3.3.2 典型工程实践

3.3.2.1 青海绿电7日/15日工程

2017年6月17日零时至24日零时，青海省在全国“首次”连续7天、168小时全部使用清洁能源供电，所有用电均来自水、太阳能以及风力发电产生的绿色能源。青海“绿电7日”主要依托省内水电、光伏和风电这三种能源，不足部分通过外购西北区域内新能源电量进行补充，并保证新能源电量比例不低于20%，而省内的火电电量全部通过市场交易方式送出。全清洁能源供电期间，青海电网最大用电负荷736万千瓦，全省用电量达到11.78亿千瓦·时，相当于减少燃煤53.5万吨，减排二氧化碳96.4万吨。在此期间，水电供电量8.52亿千瓦·时，占全部用电量的72.3%；新能源用电量3.26亿千瓦·时，占全部用电量的27.7%。2019年6月9日零时至6月24日零时，青海全省又进一步实现连续15天全部使用风、光、水可再生能源供电，实现了生产生活用电碳的“零排放”。优良的电力能源结构和日益提升的坚强智能电网，为清洁能源的稳步发展提供了支撑。2017年，青海首次实现连续7天全清洁能源供电，2018年实现“绿电9日”，加上此次“绿电15日”，青海已经连续3年刷新“绿电”纪录。此前，全球仅有葡萄牙在2016年和2017年实现连续不超过一周的“全绿电”供电。“青海绿电7日/15日工程”的成功实施充分说明，人类可以最大限度地摆脱对传统化石能源的依赖，而尽最大可能使用绿色能源。

3.3.2.2 张北“风光储输”示范工程

该示范工程地处风、光资源富集的国家级千万千瓦风电基地，是世界上规模最大的集风力发电、光伏发电、储能系统、智能输电于一体的新能源示范电站。工程运用世界首创的风光储输联合发电模式，采用新能源发电领域最新产品和装备，探索大规模新能源发电并网这一世界前沿技术。在运行当中，示范工程攻克了联合发电优化调度、电池储能大规模系统集成等一系列难题，使清洁能源成为最有可能替代火力发电的电源形式。截至 2021 年 8 月 4 日，国家风光储输示范工程一期、二期工程已安全运行 3510 天，累计向北京和雄安新区输出绿色电能 78.1 亿千瓦·时。示范工程肩负着破解大规模新能源集中并网、集成应用难题的使命，采用世界首创的风光储输联合发电技术路线，建设总规模为风电 500 兆瓦、光伏 100 兆瓦、储能 70 兆瓦，总投资 100 亿元。其中一期工程建设风电 100 兆瓦、光伏 40 兆瓦、储能 20 兆瓦，已于 2011 年建成投产发电。二期工程建设风电 400 兆瓦、光伏 60 兆瓦、储能 50 兆瓦，其中光伏、风场以及储能 13 兆瓦已相继建成投产，储能电站剩余 37 兆瓦已进行申报，待批复后即将开工建设。

3.3.2.3 鄂尔多斯市东胜区“风光火储一体化”工程（规划中）

中国能源建设股份有限公司已规划在该地 4 座 2 台 1000 兆瓦坑口煤电的基础上，补充开发风光储等能源。预计能源基地建成后，每年可生产约 330 亿千瓦·时电能，其中新能源发电占比超过 41%。

3.4 源网荷储一体化应用

3.4.1 技术简介

2021 年 10 月 26 日，国务院印发《2030 年前碳达峰行动方案》中明确提到要“加快建设新型电力系统”。为了构建新能源占比逐渐提高的新型电力系统，要大力推动“新能源 + 储能”、支持分布式新能源合理配置储能系统，并积极发展源网荷储一体化和多能互补。源网荷储一体化是一种可实现能源资源最大化利用的运行模式和技术，通过源源互补、源网协调、网荷互动、网储互动和源荷互动等多种交互形式，从而更经济、高效和安全地提高电力系统功率动态平衡能力，是构建新型电力系统的重要发展路径。整体来看，源网荷储一体化的运行模式可充分发挥发电侧、负荷侧的调节能力，促进供需两侧精准匹配，保障电力可靠供应。具体来说，过去电网系统调控主要采取“源随荷动”的模式，其问题在于当用电负荷突然增高时，一旦电源发电能力不足，就会出现供需不平衡以致严重影响电网的安全运行。

3.4.2　典型工程实践

3.4.2.1　三峡乌兰察布新一代电网友好绿色电站示范项目

该项目作为源网荷储一体化示范项目，包括新建 170 万千瓦风电、30 万千瓦光伏和 55 万千瓦 ×2 小时储能，建成后将成为全球储能配置规模最大、比例最高的单体新能源场站。该项目分三期建设，一期新建 425 兆瓦风电、75 兆瓦光伏、1 座 220 千伏储能升压站，配置 14 万千瓦 ×2 小时储能；二期新建 625 兆瓦风电、125 兆瓦光伏、2 座 220 千伏储能升压站，配置 22 万千瓦 ×2 小时储能；三期新建 650 兆瓦风电、100 兆瓦光伏、1 座 220 千伏储能升压站，配置 19 万千瓦 ×2 小时储能。项目依托先进的智慧联合调度技术，可以使新能源场站向电网主动提供顶峰电力支撑和调峰等功能，具备显著的电网友好特性。此外，新型电网友好清洁能源电站的示范效应将推动技术研发、装备制造和商业模式的三位一体创新，为实现“双碳”目标作出有价值的探索和贡献。

3.4.2.2　金风科技“源网荷储一体化”综合微电网项目

2020 年 12 月 29 日，金风科技投资建设的二连浩特可再生能源微电网 470 兆瓦示范项目一期工程成功并网。二连可再生能源微电网 470 兆瓦示范项目是国内首个启动并成功实施的综合微电网项目（源网荷储一体化），也是目前国内装机容量最大、电压等级最高的区域型新能源微电网项目。该项目位于内蒙古自治区锡林郭勒盟苏尼特右旗，项目规划总装机容量 470 兆瓦，其中风电装机 370 兆瓦、太阳能装机 100 兆瓦，配置储能合计 90 兆瓦 /90 兆瓦・时，规划配套建设 110 千伏用户变电站、110 千伏风光变电站、110 千伏风场变电站和 110 千伏太阳能变电站各一座。该项目采取分期建设的方式，一期工程建设风电 130 兆瓦、光伏 50 兆瓦、一座 110 千伏风光变电站、一座 110 千伏用户变电站接带附近 35 千伏负荷，与蒙西电网温都尔 220 千伏变电站实现并网运行。

3.5　本章小结

本章主要介绍了新型电力系统中的各种能源生产侧技术，包括风能、太阳能、水能、生物质能、核能、氢能、地热能和海洋能等新能源与可再生能源，还包括煤、天然气等常规化石能源发电技术的低碳化发展和 CCUS 技术，最后介绍了风光水火储一体化、源网荷储一体化应用的典型工程实践。从电力系统的能源生产侧出发，开展清洁低碳化技术研究和应用，加快对传统化石能源的替代，是构建新型电力系统的重要任务。

参考文献

[1] 王恰．碳中和背景下，全球风电技术创新前沿研究［J］．中国能源，2021，43（8）：69–76，20．

[2] 贾晨霞．我国大型风电技术现状与展望［J］．现代工业经济和信息化，2017，7（3）：65–66．

[3] 高金锴，佟瑶，王树才，等．生物质燃煤耦合发电技术应用现状及未来趋势［J］．可再生能源，2019，37（4）：501–506．

[4] 张浩东．浅谈中国潮汐能发电及其发展前景［J］．能源与节能，2019（5）：53–54．

[5] 王彦哲，周胜，王宇，等．中国核电和其他电力技术环境影响综合评价［J］．清华大学学报（自然科学版），2021，61（4）：377–384．

[6] 赵琛，王一帆，李思颖，等．中国未来核电发展趋势与关键技术［J］．能源与节能，2020（11）：46–49，67．

[7] 胡泊，辛颂旭，白建华，等．我国太阳能发电开发及消纳相关问题研究［J］．中国电力，2013，46（1）：1–6．

[8] 黄雨涵，丁涛，李雨婷，等．碳中和背景下能源低碳化技术综述及对新型电力系统发展的启示［J］．中国电机工程学报，2021，41（S1）：28–51．

[9] 韩学义．电力行业二氧化碳捕集、利用与封存现状与展望［J］．中国资源综合利用，2020，38（2）：110–117．

第 4 章　构建新型电力系统的电网技术

构建新型电力系统建设的电网技术包括先进输电技术、先进配电网技术、高比例新能源并网支撑技术、电网控制保护与安全防御技术四部分（图 4.1）。

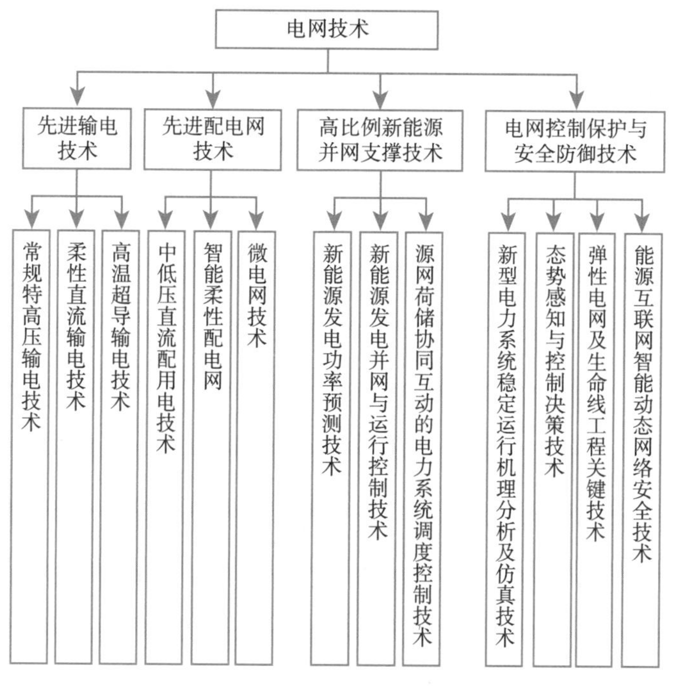

图 4.1　电网技术结构图

4.1　先进输电技术

电力系统主要由发电、输电、变电、配电和用电等环节组成，其中，输电环节的主要作用是把相距遥远（可达数千千米）的发电厂和负荷中心联系起来，使电能的开发和利用超越地域的限制，输电电压、距离及容量是衡量输电技术水平的重要标志。

从空间分布来看，我国能源资源与消费需求呈明显的逆向分布，绝大部分能源资源分布在西部，尤其是风能、太阳能等可再生能源资源集中分布在西北、东北、华北等“三北”地区，而受经济发展水平影响，我国能源需求主要分布在东部沿海地区，但能源资源相对匮乏。因此，依托先进输电技术实现能源资源的大规模、远距离、高效率传输，对保障能源电力系统安全稳定运行、支撑经济社会高质量发展意义重大。

在电力系统建设发展初期，直流输电首先被成功实现，但存在电压变化、功率提升困难等一系列问题，输电能力和效益受到限制。交流输电技术凭借电压变化容易、易于实现多落点受电、电流存在自然过零点、大电流开断易于实现等优势后来者居上，在20世纪取得了快速发展，交流输电的电压等级、输电距离、输送容量持续突破。21世纪以来，为进一步节约输电损耗及占地面积，提高输电距离与输电容量，我国论证并建设了电压等级高达1000千伏及以上的特高压交流输电工程，输电容量更大、距离更远、损耗更低、占地更少，有效支撑了我国西电东送工程的推进与落实。

随着广域交流大电网的形成，交流电网的系统稳定等技术问题涌现。随着材料科学、微电子技术、制造工艺等技术水平的不断提高，高压直流输电技术取得了飞速发展，利用稳定直流电无感抗、容抗不起作用、无同步问题等技术特点，克服了交流输电技术的固有缺陷，在大容量、远距离输送方面的经济性、稳定性和灵活性等优势日益突出。近年来，我国加速建设高压直流输电线路，并积极推动与周边国家的电网互联互通。

柔性直流输电是继交流输电、常规直流输电后的一种新型输电方式，其在结构上与高压直流输电类似，主要区别在于采用了绝缘栅双极型晶体管等可关断器件和高频调制技术。与常规直流输电技术相比，柔性直流输电具有功率独立控制、无无功补偿问题、可向无源网络供电等技术优势，电能质量更高、占地面积更小，是目前世界上可控性最高、适应性最好的输电技术，能够为新型电力系统的构建提供重要支撑。随着电力电子技术的发展，柔性直流输电工程的电压等级、输电容量迅速提高，逐步进入商业化应用阶段。

此外，高温超导输电等具有革命性意义的新型输电技术持续发展，并启动了多条示范工程建设。高温超导输电是利用超导体的零电阻和高密度载流能力发展起来的新型输电技术，通常需要采用液态介质冷却以维持电缆导体的超导态，实现无阻大容量电能传输，是原理上最理想的一种输电技术。与传统输电技术相比，高温超导输电具有损耗低、容量大、节省走廊、环境友好、优化电网结构等技术优势。一般来说，35 千伏超导电缆的输送容量与传统 220 千伏电缆的输送容量相当，可替代 4~6 条相同电压等级的传统电缆，节省 70% 的地下管廊空间，适合将大容量电能直接输送到城市中心区域。

4.1.1 发展现状

4.1.1.1 常规特高压输电技术

“十三五”期间，我国持续推动特高压输电工程建设，构建并成功运营了全球运行电压等级最高、规模最大、技术水平最高的交直流混联特大电网，西电东送能力达 2.6 亿千瓦，实现了全国范围的资源优化配置，为经济社会发展提供了坚强的动力支撑。目前，我国特高压输电技术水平总体处于世界领先水平，特高压已经逐渐成为“中国制造”的一张名片。

总体来看，我国在特高压输电系统电压控制、绝缘配置、电磁环境、设备制造、系统集成及试验技术等方面均实现重大创新突破，全面掌握了从规划设计、设备制造、施工安装、调试试验到运行维护的核心技术，研制成功了代表国际高压设备制造最高水平的全套设备，建成了世界一流的试验研究体系，占领了国际高压输电技术制高点，实现了中国创造和中国引领。

特高压交流输电已经解决了受限空间下特高压、大容量设备的电、磁、热、力多物理场协调控制技术难题，突破了系统电压控制、潜供电流抑制、外绝缘配合、电磁环境控制等技术，自主研制了特高压交流变压器、气体绝缘金属封闭开关设备、单相容量最大的特高压交流并联电抗器等关键设备。“特高压交流输电关键技术、成套设备及工程应用”获 2012 年国家科技进步奖特等奖。

特高压直流输电成功突破了 ±1100 千伏 /5500 安和 ±800 千伏 /6250 安输电关键技术，单工程输送容量提升至 10 吉瓦级，已完成 ±1100 千伏换流阀样机、换流变的设计，自主研发的 ±1100 千伏穿墙套管顺利通过试验考核，发布了 ±1100 千伏特高压直流输电设备研制技术规范，成果应用于多个重大项目工程。“特高压 ±800 千伏直流输电工程”获 2017 年国家科技进步奖特等奖。

4.1.1.2 柔性直流输电技术

我国柔性直流输电技术的研究起步较晚，但“十三五”期间开展了充分的研究与工程实践：2020 年 6 月，±500 千伏张北可再生能源柔性直流电网试验示范工程投产，是世界首个具有网络特性的直流电网工程，一举创造了 12 项世界第一，极大提高了我国柔性直流输电技术领先水平与自主化水平；2020 年 12 月，±800 千伏乌东德电站送电广东广西特高压多端直流示范工程投产，是目前世界上电压等级最高、容量最大的混合柔性直流工程，创造了19项世界第一，关键设备器件实现了国产化和对进口产品的全场景替代，构建了自主知识产权体系，进一步扩大了我国的技术领先优势。

目前，我国整体柔性直流输电技术已达到世界先进水平，并在部分换流阀技术和工程参数等方面达到了世界领先。近年来，成功研制了±535千伏/3000兆瓦柔性直流换流阀、535千伏/26千安高压直流断路器以及±800千伏/5000兆瓦柔性直流换流阀样机，提出了柔直组网、多点汇集、多能互补的直流电网拓扑和系统方案，解决了柔性直流电网构建难题，柔性直流输电容量及可靠性提升至常规直流水平，并开展了柔性直流输电技术在海上风电领域的应用，柔性直流输电技术总体趋于成熟。

4.1.1.3 高温超导输电技术

在高电压、大容量输电发展中，高温超导输电是一项革命性的前沿技术，有着一系列优越性，有望在我国未来电网发展中发挥重要作用。

自20世纪90年代中期以来，液氮温度的高温超导材料制备技术取得了很大的进步，从而引发了世界范围内的超导输电技术研究开发热潮。美国、欧洲、日本、中国和韩国等都相继开展了高温超导电缆的研究，完成了多组高温超导输电电缆的研制，研究重点主要集中在高温超导交流输电电缆。美国南方电线公司于1999年首先将30米长、12.5千伏/1.25千安三相交流高温超导电缆安装在其总部进行供电运行；丹麦于2001年研制出30米长、36千伏/2千安的三相交流高温超导电缆并进行并网运行实验。此后，国际上有多组更长距离的高温超导电缆并入实际电网运行，主要集中在美国，包括长度分别为200米、350米以及目前国际上最长的600米（138千伏/2千安）三组三相交流高温超导电缆，均已完成研制，并投入实际电网示范运行。日本多年来一直致力于超导输电电缆的研究与开发，1997年，日本住友电气工业株式会社、古河电气工业株式会社及日本电力公司等已合作开展高温超导输电电缆样机的研制。2004年，日本在经济、通商和工业省的支持下，古河电气工业株式会社和电力工业中心研究所等研制出500米长、77千伏/1千安单芯高温超导电缆。2006年，日本住友电气工业株式会社完成了全球第一组以商业化方式订制的100米长、22.9千伏/1.25千安三相交流高温超导电缆的开发并交付韩国使用。

我国自“九五”以来，即开展高温超导电缆的研究。1998年，中国科学院电工研究所与西北有色金属研究院和北京有色金属研究总院合作，研制成功1米长、1千安的铋系高温超导直流输电电缆模型，随后又先后完成6米长、2千安高温超导直流输电电缆和10米长、10.5千伏/1.5千安三相交流高温超导输电电缆的研制与实验。2004年，中国科学院电工研究所与甘肃长通电缆公司等合作，研制成功75米长、10.5千伏/1.5千安三相交流高温超导电缆，安装在甘肃长通电缆公司和白银超导变电站中运行至今。2004年4月，北京云电英纳超导电缆公司研制成三相交流、33.5米长、35千伏/2千安的高温超导电缆，并在昆明普吉变电站投入运行。2011年，中国科学院电工研究所与河南中孚公司合作，在中孚铝冶炼厂建成360米长、电流达10千安的高温直流超导电缆，2012年9月投入实际运行。以上工程的实施，为我国高温超导电缆设计、制造和运行积累了经验。目前在世界范围内，在较长距离的高温超导电缆的研究开发方兴未艾，高温超导电缆的实用化步伐正在加速，韩国启动了500米、22.9千伏/1.25千安的三相交流高温超导电缆的研制，电缆安装在首尔韩国电力公司附近的配电网中，于2011年9月投入示范运行；美国超导公司与韩国LS电缆公司于2009年9月建立战略合作伙伴关系，共同推进韩国现有电力传输网采用高温超导电缆的进程，预计在未来五年内将实现50千米高温超导电缆在实际商业电网中的使用和服务。德国和俄罗斯近期也分别启动了超导输电电缆研制项目，以期在超导输电技术发展中取得优势。

由于直流输电的优势以及发展新能源的需求，近年来，超导直流输电技术的研究与开发备受重视。2010年，日本中部大学完成了一组200米长、110千伏/2千安高温超导直流电缆的研制和实验。韩国拟计划在济州岛智能电网示范项目中研发一组500米长、80千伏/60兆瓦的超导直流输电电缆，并利用该电缆作为可再生能源接入电网的通道。2011年5月，德国就开展千米级高温超导直流输电示范工程的建设召开了国际可行性专题研讨会。2011年8月，在日本召开的第一届亚洲—阿拉伯可持续能源论坛提出开发撒哈拉太阳能和风能发电，并采用超导直流输电技术将电力输送到欧洲和日本的宏伟计划。为此，日本住友电气工业株式会社已经启动了一项旨在利用超导直流输电构造全球性可再生能源网络的前期研究项目。

4.1.2 典型工程实践

4.1.2.1 昌吉—古泉±1100千伏特高压直流输电工程

2019年，昌吉—古泉±1100千伏特高压直流输电工程正式投运，工程起自新疆准东昌吉换流站，止于安徽皖南古泉换流站，途经新疆、甘肃、宁夏、陕西、河南、安徽6省（区），新建准东、皖南两座换流站，直流线路约3324千米，换流容量2400万千瓦，输送容量1200万千瓦，每年可从新疆向华东地区输送电量600亿~850亿千瓦·时，是世界上电压等级最高、输送容量最大、输电距离最远、技术水平最先进的特高压直流输电工程。

该工程是世界上首次采用 ± 1100 千伏直流输电电压等级的线路，每千千米输电耗损仅为 1.5%，工程成功研制 ± 1100 千伏换流变压器、换流阀等关键设备，首次采用 ± 1100 千伏户内直流场和送端换流变现场组装方案，刷新了世界电网技术新高度，增强了我国在电网技术和电工装备制造领域的国际影响力与核心竞争力。

4.1.2.2 ± 500 千伏张北可再生能源柔性直流电网试验示范工程

2020 年，2022 年北京冬奥会重点配套工程—— ± 500 千伏张北可再生能源柔性直流电网试验示范工程竣工投产，该工程是世界首个真正具有网络特性的柔性直流输电工程，新建张北、康保、丰宁和北京 4 座换流站，其中，张北、康保换流站为送电端，接入新能源；丰宁站为调解端，接入抽水蓄能；北京站为接收端，接入首都负荷中心。

该工程应用先进的电力生产、传输、存储、消纳和运行控制技术，输电线路长 666 千米，额定电压 ± 500 千伏，额定输电能力 450 万千瓦，能够满足 700 万千瓦可再生能源装机的外送和消纳需求，每年可输送 140 亿千瓦·时清洁电力，助力北京冬奥场馆实现奥运史上首次 100% 清洁能源供电。

该工程创造了 12 项世界第一，即第一个真正具有网络特性的直流电网，第一个采用真双极接线的大规模风电、光伏孤岛送出直流电网工程，第一个实现风光储多能互补的直流电网，第一个采用架空输电线路的直流电网，第一个中性线采用金属回线的直流电网，第一个基于直流电网的多维度多要素控制保护系统，世界最高电压等级和最大容量的柔性直流换流站，世界最高电压等级和最大开断能力直流断路器，世界最高电压等级和最大换流容量的柔性直流换流阀，世界最大容量的交流耗能装置，世界最高电压等级和最大输送能力的直流电缆，世界最大功率的全控可关断器件。

该工程实现了三大突破：一是突破柔性直流电网构建难题，提出了柔直组网、多点汇集、多能互补的直流电网拓扑和系统方案，成功研制混合式、负压耦合式和机械式直流断路器；二是突破柔性直流容量提升难题，将 ± 500 千伏柔性直流的输电容量提升至常规直流水平，单换流器额定容量提升到 150 万千瓦；三是突破柔性直流可靠性提升难题，将柔性直流的可靠性提升至常规直流水平。

该工程核心技术和关键设备均为国际首创，不仅提高了我国电工装备制造水平，巩固和扩大了我国在直流输电领域的技术领先优势，同时对推动能源绿色转型、服务绿色奥运等也具有重要战略意义。

4.1.3　发展趋势

目前，我国电网正处在特高压电网的发展过渡期，伴随特高压交直流快速发展，特别是特高压直流输电规模的阶跃式提升，电网运行特性发生深刻变化，“强直弱交”矛盾突出，电网安全面临新的挑战。未来，随着输电技术进一步发展，全国送受端电网格局更加明晰，各区域电网互济能力进一步提高，与周边国家电网互联规模不断扩大，形成覆盖大型电源基地和用电负荷中心的资源优化配置平台。

4.1.3.1　常规特高压输电技术

在交流电网中合理嵌入直流电网，可有效解决大规模新能源并网消纳和送出难题，还可以通过功率的快速调节抑制大规模新能源波动对电网稳定性的影响。因此，需要研究直流电网的系统理论、结构特点、适用场景、分析方法、控制保护技术及建模仿真方法；基于具备直流故障自清除能力的换流器，突破直流组网新技术；研制高压大容量直流断路器和直流变压器；研究直流电网嵌入交流电网的型式、故障响应特性及与交流电网的交互影响机理，研究含直流电网的混合系统运行控制技术，提升系统稳定性。

根据我国西南水电外送的工程建设需求，国家将在青藏高原规划建设海拔4000米特高压交流输电工程。该工程建设存在高海拔低气压、重覆冰、高地震烈度等恶劣环境条件下输变电外绝缘设计、电磁环境控制、主设备制造等系列难题需要攻关解决，因此，需要深入开展高海拔特高压输电技术研究，为高海拔特高压交流工程建设提供支撑。

4.1.3.2　柔性直流输电技术

受限于器件成本、损耗、体积等因素，柔性直流输电的技术经济性仍待提升，尤其在海风并网领域的应用，对设备的紧凑化、高可靠性、无人值守技术等方面提出了更高的要求。

未来，需重点针对高比例新能源的系统电压支撑能力不足、直流换相失败、新能源机组无序脱网、故障影响扩散等风险，研究静止式电压主动支撑技术，提升直流送受端交流电网的暂态电压支撑能力；针对新能源接入对电网潮流时空分布的冲击、输电通道潮流分布不均以及引发宽频振荡的问题，研究混合潮流控制及宽频阻尼控制技术，实现提高新能源外送能力和灵活调节的能力；针对超 / 特高压交流系统中操作过电压过高影响线路走廊、设备绝缘、制造难度及工程造价高昂的问题，研究交流电力电子式可控避雷器及可控耗能限压技术，实现深度抑制超 / 特高压交流输电线路操作过电压；研究新型电压调节器关键技术，实现动态调压和抵御直流换相失败，大幅提升输电系统运行可靠性。

4.1.3.3　高温超导输电技术

当前，高温超导电缆的总体发展趋势是：以示范工程为突破口，进一步发展实用化高温超导输电技术，逐步实现在更大容量、更长距离的电力传输领域的应用。同时，从过去以开发交流超导电缆为主，到目前开始并重推进直流超导电缆的研究开发与示范。

未来，需要研究超导电缆低损耗优化设计技术，长距离经济型高效低温制冷技术，以及超导电缆终端、引线套管、应力锥等关键附件技术；研究超导电缆输电系统理论、结构特点及建模仿真方法；研究超导输电接入电网的短路故障暂态响应特性及失超保护方法；研究超导输电系统长期运行与维护技术；研究超导输电系统运行状态检测、故障预警和继电保护技术；研究超导输电综合性能试验检测技术及评价标准；研究含超导输电线路的电力系统运行稳定性及控制方法；进一步研究电力/燃料一体化输送的超导能源混输应用技术。

从应用场景来看，超导输电技术可以在特定环境和特殊地域条件下为传统输电技术无法实现的场合提供电力（能源）输送，具体如下：①在现有输电网升级改造中用以取代部分受空间、容量等限制的常规电缆，解决大城市、高负荷密度地区供电的技术难题；②山口、峡谷等输电走廊受限区域的电力输送；③电力/燃料多种能源混合输运的新模式。

4.2　先进配电网技术

配电网是指从输电网或地区发电厂接受电能，通过配电设施就地分配或按电压逐级分配给各类用户的电力网，由架空线路、电缆、杆塔、配电变压器、隔离开关、无功补偿器及一些附属设施等组成，根据电压等级分为高压（35千伏、63千伏和110千伏）、中压（6千伏、10千伏和20千伏）和低压（220/380伏）配电网。

传统配电网建设主要采用交流配电方式，但交流配电网面临着线损高、电压跌落、电能质量扰动等一系列问题。近年来，海量分布式电源、储能、电动汽车等直流电源或直流负荷广泛接入，采用直流配电方式不仅能够减少功率损耗和电压降落，有效解决谐波、三相不平衡等电能质量问题，更无须经过交直流转换，节省了整流器及逆变器等换流环节的设备建设，有利于缓解城市电网站点走廊紧张的问题，在改善供电质量、提高供电效率与可靠性等方面优势明显。由于我国交流配电网的基础设施建设完善，在交流配电网的基础上建设交直流混合配电网是未来配电网的重要发展趋势。

随着海量分布式电源、储能、电动汽车等新型广义负荷的广泛接入，用户供需互动日益频繁，使得配电网出现双向化、智能化、电力电子化等新特征，配电网的源网荷具有更强的时空不确定性，呈现出常态化的随机波动和间歇性，对配电网安全可靠运行带来更大挑战。依托电力电子技术及新一代信息通信技术，建设适应高渗透率分布式电源的智能柔性配电网是构建新型电力系统的必要途径。

近年来，许多国家如美国、日本、澳大利亚等纷纷开展了对微电网技术的研究，并且解决了一部分微电网技术中的运行、保护、经济性等理论问题。微电网将分布式电源、储能、负荷组网，形成独立自治的发－输－配－用小型网络，内部的电源主要由电力电子器件负责能量的转换，并提供必要的控制。相对外部大电网，微电网表现为一个单一的可控单元，该可控单元能够满足微电网内部用户对电能质量及供电可靠性和安全性的要求，可以看作是小型的电力系统。微电网存在两种典型的运行模式：正常情况下微电网与常规配电网并网运行，称为联网模式；当检测到电网故障或电能质量不满足要求时，微电网将及时与电网断开而独立运行，称为孤岛模式。两者之间的切换必须平滑而快速。

4.2.1　发展现状

4.2.1.1　中低压直流配用电技术

近年来，随着能源清洁转型加速，风、光等新能源大量并网，以电动汽车为代表的直流负荷快速发展，直流电网逐渐兴起。由于交直流互联必须经由专用设备转换，这就增加了电能损耗和电网调控难度，降低了能源利用效率。因此，推动智能电网技术创新，构建高效、低耗、可靠的直流配用电系统，成为未来电网的发展趋势。

国外对直流配电网架构及关键技术的研究开始于2004年，其雏形是由日本学者提出的基于直流微网的分布式发电系统。美国弗吉尼亚理工大学提出了四级分层交直流混合配电网，美国北卡罗来纳大学提出了用于接纳和管理新能源的FREEDM（The Future Renewable Electric Energy Delivery and Management）交直流混合配电网，英国、瑞士和意大利等欧洲学者提出了与FREEDM结构与功能类似的UNIFLEX-PM（Universal and Flexible Power Management）系统。实际上，以上直流配电系统的电压等级均低于1.5千伏，其主要目的并不是向用户供电，而是从用电和终端供电的角度更好地接纳和管理可再生能源发电，发挥能源路由器的作用，并未很好地考虑配电系统特点对网络架构的具体要求。目前国际上已经建成的中压直流配电工程是德国的亚琛大学在校园内建设的 ±10 千伏直流配电系统，该工程采用双极结构，供电半径约为 500 米。

我国学者从配电网的特征出发，对直流配电网的结构形式和电压等级序列进行了较深入的研究工作，提出了直流配电网的基本拓扑结构，包括放射状、两端供电、环状以及网状等，这些结构形式与交流配电网具有很强的兼容性，且考虑了配电系统供电可靠性的要求，有效推动了直流配电网技术的发展。但是，目前国内对直流配电网络架构的研究在如何充分发挥直流配电技术可控性强的优势、如何有效规避直流开断技术不成熟等方面尚缺乏深入系统的考虑，值得进一步研究。

4.2.1.2 智能柔性配电网技术

当前，智能柔性配电网处于发展初期阶段，实践较少。国网智能电网研究院提出并研制了柔性变电站，容量 5 兆瓦，具有 10 千伏交 / 直流、低压 750 伏直流及 380 伏交流 4 个端口，主要以多功能电力电子变压器替代传统变电站中的变压器等一次设备，推动变电站关键设备由“多种设备组合”向“单一设备集成”方向发展，具有灵活组网和“一站多能”等优势，可满足分布式电源、新能源汽车、大数据中心等新兴负荷大规模接入对配电网提出的直流供电、高可靠性、高质量供电等要求。

4.2.1.3 微电网技术

美国是最先提出微电网概念的国家。1999 年，美国可靠性技术解决方案协会首次对微电网在结构、控制、经济等方面进行了研究，并于 2002 年正式提出了相对完整的微电网概念，也是目前微电网概念中最权威的一个。欧洲国家于 2005 年提出 Smart Power Networks 计划，随后便出台该计划的技术实现方略。Smart Power Networks 计划作为欧洲 2020 年及后续的电力发展目标，表明未来欧洲电网需具备灵活性、可接入性、可靠性及经济性。

自我国开发研究微电网技术以来，相关技术不断发展完善并日益成熟，在 2009 年中央及政府开会关注并提出微电网建设问题，并于 2010 年 9 月正式开始微电网建设试点工作。目前我国微电网的试点示范工程主要集中在边远地区（表 4.1）、海岛以及城市园区等地区，边远地区及海岛地区主要利用本地可再生分布式能源的独立微电网是解决地区供电问题，但可再生能源间歇性、随机性强问题突出，海岛地区还面临极端天气、自然灾害频繁等挑战。城市微电网重点包括集成可再生分布式能源、提供高质量及多样性的供电可靠性服务、冷热电综合利用等。

表 4.1 我国部分边远地区的微电网

名称 / 地点	系统组成	主要特点
西藏阿里地区狮泉河微电网	10 兆瓦光伏电站，6.4 兆瓦水电站，10 兆瓦柴油发电机组，储能系统	光电、水电、火电多能互补；海拔高、气候恶劣
西藏日喀则地区吉角村微电网	总装机 1.4 兆瓦，由水电、光伏发电、风电、电池储能、柴油应急发电构成	风光互补；海拔高、自然条件艰苦
西藏那曲地区丁俄崩贡寺微电网	15 千瓦风电，6 千瓦光伏发电，储能系统	风光互补；西藏首个村庄微电网
青海玉树州玉树县巴塘乡 10MW 级水光互补微电网	2 兆瓦单轴跟踪光伏发电，12.8 兆瓦水电，15.2 兆瓦储能系统	兆瓦级水光互补，全国规模最大的光伏微电网电站之一
青海玉树州杂多县大型光伏储能微电网	3 兆瓦光伏发电，3 兆瓦 /12 兆瓦 · 时双向储能系统	多台储能变流器并联，光储互补协调控制
青海海北州门源县智能光储路灯微电网	集中式光伏发电和锂电池储能	高原农牧地区首个此类系统，改变了目前户外铅酸电池使用寿命在两年的状况
新疆吐鲁番新城新能源微电网示范区	13.4 兆瓦光伏容量（包括光伏和光热），储能系统	当前国内规模最大、技术应用最全面的太阳能利用与建筑一体化项目
内蒙古额尔古纳太平林场微电网	200 千瓦光伏发电，20 千瓦风电，80 千瓦柴油发电，100 千瓦 · 时铅酸蓄电池	边远地区林场可再生能源供电解决方案
内蒙古呼伦贝尔市陈巴尔虎旗微电网	100 千瓦光伏发电，75 千瓦风电，25 千瓦 × 2 小时储能系统	新建的移民村，并网型微电网

4.2.2 典型工程实践

4.2.2.1 苏州工业园区纯直流配用电示范工程

苏州工业园区纯直流配用电示范工程针对高比例分布式可再生能源区域、数据中心、工业园区、新型城镇等场景，建设若干满足不同类型需求的直流配用电系统，实现直流负荷密集区域的直流配电网直配直供，显著降低配用电系统损耗。

苏州工业园区纯直流配用电示范工程新建庞东、九里两座直流中心站，构建涵盖市政、工商、民用等多个应用场景的中低压直流配用电系统，累计接入直流负荷 10.5 兆瓦，同时具备 ± 10 千伏、750 伏、± 375 伏等三个直流电压等级，满足不同应用场景、不同类型用户的用电需求。

4.2.2.2 同里新能源小镇综合示范工程

同里建成交直流混合的多类型分布式可再生能源互补系统，系统总容量达 0.45 万千瓦，其中直流负荷占比超过 30%，可再生能源占比超过 60%。实现小镇供电可靠率达到 99.999%，N–1 通过率和电压合格率 100%。新能源利用量占古镇能源消费总量的比重接近 100%。

同里新能源小镇综合示范工程建设有交直流智能配电样板，推动能源配置安全高效，建设微网路由器、三端柔性直流、大规模低压直流配电环网、高温超导，运用源网荷储协调控制技术，实现各种能源灵活接入、智能配置、协调控制，保障能源安全、智能、高效供应。此外，建设有交直流智能配电样板，即世界首台首套交直流微网路由器示范工程。在启动区实施交直流微网路由器示范工程，搭建交直流混合网络。配置一台 3000 千瓦微网路由器，提供四个双向可控端口：10 千伏交流、380 伏交流、±750 伏直流和 ±375 伏直流。

4.2.2.3 特变电工园区光储充微电网示范工程

2019 年，特变电工首个基于两部制电价需求响应的工业园区光储充微电网示范工程在特变电工西安产业园成功投入运行，使得园区用电成本下降超 30%，光伏自发自用比例达到 100%，在工商业园区具有良好的商业推广价值。

特变电工工业园区光储充微电网示范工程包含峰值输出功率达 2 兆瓦的光伏发电系统，1 兆瓦 /1 兆瓦・时储能系统和 960 千瓦的电动汽车充电桩，实现了特变电工自主研发的能量管理系统、储能系统以及虚拟同步机的示范运行。该工程首次在工业园区微网中引入基于两部制电价的需求响应技术及经济优化算法，可实现“基础电费 + 电度电费”双重降费。

微网示范工程采用站端和云端的双端运维系统，基于信息化实现数据驱动，借助云计算实现数据融合，实现微电网中能源流和信息流的双向流动。集控屏幕上，各类设备实时运行状态、运行数据、功率曲线以及经济指标全景展示；集控室外，只需通过网页登录园区微电网智能运维云平台，就能实时掌握微电网的运行情况，可以方便快捷地查询历史数据、响应设备故障报警。同时，一站式运维正在推进当中，可利用智能云平台实现微电网全生态链管理和集群化运维。

4.2.3 发展趋势

4.2.3.1 中低压直流配用电技术

智能配电网的关键技术主要围绕如何提高配电系统的可观性、可测性和可控性，目标是把配电网从静态运行结构转变为灵活的、可主动运行的“智能”结构。在实现“双碳”目标、构建有更强新能源消纳能力的新型电力系统背景下，我国柔性智能配电网将迎来前所未有的发展机遇。新时代发展要求下，配电网的智慧化水平将得到快速提升，调节能力和适应能力将大幅度提高，实现电力电量分层分级分群平衡，形成安全可靠、绿色智能、灵活互动、经济高效的智能配电网。

（1）电压等级序列及典型供用电模式

考虑源荷分布特性及接入需求等因素，不同区域内规模化直流用户具备同质化特性，系统的供电能力、电能质量、安全性、可靠性、用电能效、运行效率及技术经济性影响系统多目标规划方法与评估体系。多应用场景背景下，对供电能力、交直流互联、配用电安全提出不同要求，研究确定合理的电压等级序列、网架结构、接地方式、接线方式及一、二次设备的优化配置方法，是构建典型供用电模式的关键科学问题。

（2）直流配用电变换及开断装备技术

中低压直流配用电系统对设备占地要求苛刻、运行可靠性要求高，重点研究分层分相、背靠背布置的紧凑型柜式换流阀布置方式，有助于实现中低压直流配用电系统的关键变换装备技术。利用磁感应电流转移方法及新型电流注入式直流开断拓扑，提升磁感应转移模块电路及结构参数对电流转移能力，掌握参数配合关系及其适应性规律，有助于实现中低压直流配用电系统的关键开断装备技术。

（3）多电压等级直流配用电系统控制保护技术

多电压等级直流配用电系统运行控制方式灵活，可根据直流母线电压、储能荷电状态等关键运行参数进行状态快速平滑切换，中压侧多换流器协调配合、低压侧快速自治精细控制技术，解决多电压等级直流配用电系统弱阻尼低惯性下快速稳定控制难题，实现源、荷功率波动频率时变性背景下调度成本与能量优化效果之间的矛盾，实现直流配电网多时间尺度多目标优化运行。

多电压等级直流配用电系统各类电力电子装置交互影响导致故障特征复杂，故障特征提取和识别的难度增大。故障电流快速上升时换流阀等电力电子装置在故障时表现出脆弱性。实现基于多特征量综合判别和网络化多点信息的多电压故障定位和限流技术，有助于满足直流配电系统对保护快速性与准确性的更高要求。

4.2.3.2 柔性配网技术

（1）配电网的柔性互联互济新结构与新形态技术

面向未来高比例分布式能源接入配电网的需求，完成智能配电网的一次网架改造和完善，建成支撑高比例分布式能源接入的柔性互联互济的智能配电网新结构与新形态，加强电网技术改造，治理电网安全隐患，提高新能源消纳能力。

（2）柔性配电系统灵活高效调控技术

为满足韧性提升策略实现的快速性，通过有限通信实现多区域系统协同，采用去中心化控制架构取代通信负担大的集中式控制方式将成为发展趋势。因此，面向柔性配电系统高灵活性运行，建立支撑柔性配电系统高灵活性运行的去中心化控制架构，是亟待解决的关键科学问题。在分布式控制架构下，需要各分区具备更强的智能化自主决策水平，基于本地信息进行精当决策，支撑系统高灵活性运行，实现柔性配电系统区域自治，实现高韧性供电的目标。

（3）柔性配电系统自适应运行调控技术

在实际配电网复杂运行环境中，精准的配电网络参数往往难以获取，且分布式能源高比例接入，配网用户个体层面的信息收集更加困难，配电系统精确的数学机理模型很难建立，且其适用性较有限，给柔性配电系统的精细化运行调控带来新挑战。因此，充分利用多源数据集合并挖掘其蕴含的重要信息，以数据驱动为核心构建柔性配电系统自适应运行调控新模式成为准确参数匮乏场景下解决电压越限等一系列问题的关键。随着实时量测和通信系统的发展，配电网可以获取海量多源异构的运行数据，利用不断产生的多源数据集合，充分挖掘其中蕴含的重要信息，实质性提升柔性配电系统运行控制在复杂场景下的动态自适应能力。

4.2.3.3 微电网技术

在微电网研究领域，最关键的技术是微电网的运行控制。目前，主要研究以下三种微电网控制方式。

（1）基于电力电子技术等概念的控制方法

该方法根据微电网的控制要求与发电机的下垂特性将不平衡功率动态分配给各机组承担，具有简单、可靠、易实现的优点。

（2）基于能量管理系统的控制

该方法采用不同的控制模块分别对有功和无功进行控制，很好地满足了微电网的多种控制要求。此外，该方法针对微电网中对无功的不同需求，功率管理系统采用了不同的控制方法，从而提高了控制性能。

（3）基于多代理技术的微电网控制

该方法将计算机领域的多代理技术应用到微电网，代理的自治性、自发性等特点能够很好地适应和满足微电网分散控制的要求。

微电网的保护方法与传统配电网的保护方法不同，主要是微电网的多电源特性使得两者区别很大。主要难点在潮流的双向流动、并网和孤立运行时短路容量的变化方面。因此，传统配电网在低压侧集中无功补偿的方法已经不适合微电网。

大部分新能源发电技术所发出的电能在频率和电压水平上不能满足现有互联电网的要求，因此无法直接接入电网，需通过电力电子设备才能接入。为此，要大力加强对电力电子技术的研究，研制一些新型的电力电子设备作为配套设施，如并网逆变器、静态开关和电能控制装置。

4.3 高比例新能源并网支撑技术

随着“双碳”进程持续推进，我国加快构建以新能源为主体的新型电力系统，海量新能源被广泛并入电网，高比例新能源将成为未来电力系统发展的重要特点。然而，以风、光为主的新能源发电单元本身电网支撑能力弱、抗干扰性差，虽然目前基于其电力电子装置的灵活控制，得以实现低电压故障穿越等功能，但其电网支撑和调节能力与传统同步发电机相比还有很大不足。随着电网中传统电源的逐渐退出、占比日益降低，大规模高比例新能源接入给电网的安全稳定运行带来的挑战也越来越大，为此需大力发展高比例新能源并网支撑技术。

从国外来看，欧美国家经过 40 多年的发展，逐步建立了较完善的新能源并网技术体系，各国电网通过技术标准，规范了风电、光伏等新能源设备和电站的入网要求。主流的风电机组 / 光伏逆变器普遍具备有功无功控制、低电压穿越等基本技术条件。此外，通过场站级的灵活控制，实现了精细化的无功电压、一次调频等并网调控手段，可满足不同国家电网对新能源发电差异化的并网要求。对分布式并网的新能源，随着渗透率的不断提高，新的并网标准也对分布式电源的支撑能力提出了更高要求，零电流并网、频率 / 电压下垂控制等新型支撑技术不断得到应用。

4.3.1　发展现状

4.3.1.1　新能源发电功率预测技术

随着我国加快构建以新能源为主体的新型电力系统，新能源出力的随机性、波动性与间歇性显著提高电力系统实时供需平衡难度，精准的新能源发电功率预测可将未来一定时段内的新能源出力情况由未知变为基本已知，从而将新能源纳入发电计划，在保障电力系统安全的同时，促进新能源消纳，是保障新型电力系统安全、稳定、高效运行的重要手段。

国外从 20 世纪 90 年代开始新能源发电功率预测的研究与应用工作，提出了物理预测方法、统计预测方法和混合预测方法，并得到广泛应用，在商业化的数值天气预报服务方面比我国有充分的积累和技术优势。美国、德国、西班牙、丹麦等风电功率预测技术较成熟。丹麦研发的典型风电功率预测系统有 Prediktor、WPPT、Zephyr。其中 Prediktor 系统是全球第一个风电功率预测软件，采用物理预测模型能够根据高空数值天气预报的风速得到某一地面的风速；WPPT 系统使用自回归统计算法，功率被认为是一个随时间变化的非线性随机过程；Zephyr 是将上述两种预测模型结合起来，集中了两种预测模型的优点。美国研发的 eWind 系统组合了多个统计模型，如多元线性回归、支持向量回归、人工神经网络等集合生成预测结果，该系统基于高分辨率的数值天气预报模型，具有先进的统计预测技术。德国研发的 Previento 系统通过对气象部门提供的数值天气预报结果进行空间细化，结合风电场当地地形、海拔高度等，根据风电机组相应的功率曲线把预测的风速转化为预测的输出功率。

从国内来看，我国在可再生能源发电功率预测、优化调度、并网仿真、试验检测等方面开展了创新实践，大幅提升电网对可再生能源的消纳能力，支撑国家电网成为世界风电、光伏发电并网规模最大的电网。国内的一些科研机构和高校已开发出风电功率预测预报系统，如中国气象局公共服务中心的 WINPOP 系统、中国电力科学研究院有限公司的 WPFS 系统、华北电力大学的 SWPPS 系统等。WINPOP 系统采用 C/S 结构，以全球天气分析服务系统为基础进行开发，运用支持向量机 SVM（Support Vector Machine）、人工神经网络、自适应最小二乘法等多种算法进行风电功率预报。WPFS 系统采用 B/S 结构，使用 Java 语言进行开发，能够对单独风电场或特定区域的集群预测。

4.3.1.2 新能源发电并网与运行控制技术

近年来，国内大规模新能源发电并网与运行控制技术取得了重要突破，掌握了风电、光伏发电建模和参数辨识技术，建立了实用化的新能源发电模型；建成风电并网试验检测中心和光伏发电并网试验检测中心，试验检测能力全面达到国际领先水平；突破了风电、光伏发电并网智能控制和调度运行技术，建成了国家风光储输示范工程，实现了电网友好型新能源发电技术示范应用，但新能源设备、厂站控制的技术水平难以满足电网对新能源发电智能化、自动化的需求，新能源调度运行水平总体仍较粗放，电网消纳新能源的能力尚未充分挖掘。

4.3.1.3 源网荷储协同互动的电力系统调度控制技术

通过电源、负荷与电网三者间多种形式的协同互动，可更经济、高效和安全地提高电力系统能量平衡 / 功率平衡的能力，提高新能源的消纳水平。目前源网荷储协同互动运行已成为研究热点，国内外相继开展了柔性负荷资源潜力分析、源网荷储资源聚合、协同优化调度、负荷柔性控制等技术研究，国内已在华北、江苏等地实施了局部和单一目标的示范应用。由于当前激励机制不明确、灵活性可调资源的参与度不高，相关研究和试点较初步，在源网荷储协同互动的电力系统运行机理和大规模智能调控技术方面亟待突破。

“十四五”期间，我国电力紧平衡现象较普遍，新能源消纳形势依然严峻，电网调峰困难、特高压交直流混联电网集中落点安全问题突出。利用源网荷储多元资源协同来解决电网运行控制的问题已形成共识，亟须解决的科学和技术问题包括：一是利用智能感知和高精度预测技术，提升量大面广的源网荷储资源运行态势感知能力；二是综合考虑能量平衡、功率平衡和电网紧急控制，提升多元资源协同调配效率；三是兼顾生产控制大区、管理信息大区和互联网大区业务数据安全，完善电网信息安全防护手段；四是研究有效引导源网荷储资源协同运行的市场机制，增强市场主体参与积极性。

4.3.2 典型工程实践

4.3.2.1 国网江苏省电力公司新能源发电数据中心

国家重点研发计划“智能电网技术与装备”专项项目“促进可再生能源消纳的风电/光伏发电功率预测技术及应用”，围绕提升可再生能源消纳能力的重大需求，突破了风电、光伏发电中长期（年/月）电量预测、短期（0~7天）和超短期（0~4小时）功率预测技术，提高了我国风电、光伏发电功率预测精度，提升预测结果在可再生能源发电调度中的应用程度。

项目研发了覆盖全国的新能源集中预测平台，覆盖2020年年初全国风电、光伏发电装机，预测容量3.77亿千瓦，平台接入了新能源场站历史5年的运行数据、覆盖全国的空间分辨率3千米的网格化数值天气预报历史10年的数据，总数据量达到115TB，每日业务化执行全国风/光场站的短期功率和概率预测，单次预测时长为7天。

项目研发了面向“国－分－省”三级调度的风/光功率预测系统、风险调度系统、紧急控制系统，并在国家电力调度通信中心、南方电网、内蒙古、西北、东北、吉林、宁夏、甘肃、云南9家电网调度机构示范应用，短期功率日前预测精度均在90%以上，超短期功率第4小时的预测精度均在95%以上。

4.3.2.2 华中源网荷储协同互动平台

2020年，华中源网荷储协同互动平台首次开展充电桩闭环控制试验，华中电网实时调控车联网充电桩负荷，实现网荷互动响应。

本次试验对推进负荷侧资源参与电网运行调节、提升负荷侧调控能力有着重要意义。随着电动汽车等交互式能源设施快速发展，可调节负荷开始出现。据统计，目前华中地区全社会共有充电桩44609台，总容量153.6万千瓦，若能提升利用率，其调节潜力和社会效益将十分可观。国网华中分部建设源网荷储协同互动平台，已接入华中区域901座充/换电站、共计4527台充电桩、19座分布式储能电站，实现了对该类负荷侧资源可观测、可调度。

本次试验选取湖北省武汉市汉阳区月湖桥1号充电站的5个充电桩作为调控目标，由华中源网荷储协同互动平台下发计划指令和实时指令，国网电动汽车公司车联网平台接收华中调控指令后，下发充电桩终端设备执行，5台电动汽车参与控制，最大充电功率176千瓦，试验持续时间45分钟。试验期间，电动汽车充电桩在短时间快速响应调度系统下发的调控指令，首次以负荷形式参与华中电网实时调控。

4.3.3 发展趋势

4.3.3.1 新能源发电功率预测技术

新能源发电功率预测技术涵盖气象资源的监测、多时空尺度资源预报、不同时空尺度的新能源功率预测等多个环节，从时间尺度上可分为0~4小时的超短期功率预测、3天的短期功率预测、7天的中期功率预测，以及月度、年度电量预测；从空间尺度上可分为场站功率预测、集群功率预测以及省级（地区级）功率预测；从预测对象上可分为对特定时刻功率数值的点预测、对预测不确定性描述的概率预测，以及对特定波动过程的事件预测。

随着我国新能源的快速发展和预测应用场景的变化，我国新能源功率预测的发展方向也在不断变化。在应用层面，一是要延长预报长度。在以火电为主的电源结构下，现有3天预报不能适应机组组合的动态优化需求，需进一步延长气象预报和功率预测长度；二是要提高预测精度。我国新能源装机容量同等预测水平下对应更大的绝对误差，需要进一步提高预测精度；三是要准确把握预报风险。现有功率预测缺乏对预测偏差的科学预估，只能凭借以往运行经验安排调度计划，既可能影响充分消纳，又存在供电不足风险，亟须研究刻画预测偏差范围的概率预测技术，同时提升多层级优化调度与风险防控技术。具体来看，需要持续加深以下几方面研究。

（1）分区精细化建模方法研究

研究多维混合气象下的光伏电站云层分布状态预报技术，研究分析特征多样的光伏电站中组件类别与地理位置对电站有功出力的影响，研究光伏电站智能化分区分组建模方法，研究分析环境复杂的风电场中地形、气象条件、风机尾流效应对电站有功出力的影响，研究风电场智能化分区分组建模方法。

（2）长时间尺度发电量预测技术研究

采取气候动力与气候统计相结合的方法，研究高精度气象资源高时空分辨率模拟技术，以当前主流气象机构的气候模式结果为气候动力学预测结果为基础，根据长期气象或气候时间序列蕴含不同时间尺度震荡的特征，利用统计学方法，对未来时期关键气象要素月季变化进行建模预测。采用人工智能、深度学习的模型建立气象与电场年发电量间的映射关系，研究实现月度时间尺度的中长期发电量预测模型算法。

（3）多元功率预测模型集中功率预测算法研究

研究多时间尺度功率预测精度提升算法；研究最大限度地利用有效信息的组合预测方法，优化组合预测模型增加系统的预测准确性；研究适应多区域气候特征、气象信息以及支撑多新能源场站运行的集中预测模型构建技术。

4.3.3.2 新能源发电并网与运行控制技术

（1）规模化新能源接入系统方案研究

分析日间用电负荷类型、特性、新能源出力特性，研究就地、就近新能源消纳能力；研究新能源接入配电网承载能力，研究提出多种分布式新能源接入系统设计方案；从方案造价、预期功能效果及实现可行性等方面开展研究，提出分布式新能源规模化接入布局建议及接入设计方案。

（2）新能源规模化接入配电网的调控技术研究

分析区域典型用电负荷特性、供给侧分布式新能源出力特性，研究形成规模化分布式新能源项目在保障就地负荷用电需求、最大化消纳利用新能源的功能体系，研究适配不同典型系统场景的系统内部分布式新能源机组的协调互补运行策略。

（3）多接入点新能源发电系统与配电网的无功协调控制技术研究

研究新能源发电单元的无功－电压主动支撑控制技术；研究分布式新能源发电集群的无功－电压主动支撑及协调控制技术；在现有光伏逆变器/风机变流器基本控制不变的情况下，提出通用型新能源发电单元动态电压支撑实现方案；研究基于分布式新能源系统与电网实时工况特性的电网无功动态支撑控制参数优化整定方法。

（4）新能源场站集群协同控制技术研究

研究大电网运行态势主动感知及运行决策技术，在主动感知电网运行需求的基础上，研究新能源场站集群协同主动支撑电网调峰、主动平抑有功功率、主动提升新能源消纳能力、主动支撑电网一次调频、惯量响应、快速调压等关键技术，改善大电网运行性能。

4.3.3.3 源网荷储协同互动的电力系统调度控制技术

重点开展源网荷储协同互动可调度潜力研究，源网荷储协同互动环境下电网特性分析，互动主体特性分析与建模，源网荷储协同互动优化调度互动控制技术，以及支撑源网荷储协同互动的有源配电网技术。

重点突破源网荷储协同互动的电力系统运行机理和调度控制技术，包括运行机理分析、运行态势感知、多元资源多级协同智能调控、信息安全防护等一批核心关键技术，开展市场机制设计。重点研发源网荷储多元资源智能感知和运行监测系统、源网荷储服务云平台、大电网及配电网源网荷储多元协同调控系统和基于区块链的交易系统，提出源网荷储资源的接入和网络通信安全要求，形成标准规范和可复制、易推广的互动交易机制。示范应用大规模、多类型源网荷储多元资源参与电网互动。

2025年，满足资源量大面广、类型众多的源网荷储协同互动电力系统运行机理取得突破，市场机制可激励占最大用电负荷3%左右的需求侧资源参与互动；完成示范区源网荷储多元资源的接入和智能感知系统建设，实现80%以上接入资源的精准感知；在试点省建设源网荷储服务云平台、源网荷储多元协同调控系统和交易系统，多元资源基于市场机制有序参与市场和电网调控，有效提升电力系统平衡能力和新能源消纳水平。

4.4 电网控制保护与安全防御技术

随着我国加快构建新型电力系统，电力系统的安全稳定分析将面临新的挑战，尤其是高比例新能源和高比例电力电子装备直接影响电力系统形态和运行机理。研究新型电力系统安全稳定机理，开展新能源场站多时间尺度建模，研发大规模新能源接入系统的全电磁暂态仿真平台，对保障电力系统的安全稳定运行意义重大。

4.4.1 发展现状

4.4.1.1 新型电力系统稳定运行机理分析及仿真技术

建设适应高比例新能源电力特征的新一代电力系统是实现能源转型的关键，以周孝信院士为首的团队提出了“三代电网”理论，并提出应采用互联网思维规划电网和融合“云大物移智链”等新兴技术的发展路径。也有学者采用系统复杂性理论和方法，对“三代电网”发展进行了模拟推演。在未来电网形态上，以特高压交直流混联大电网、柔性直流电网、分布式能源系统等技术作为依托，作了跃迁式电网架构的探讨。

在建模及仿真方面，建立了常规和柔性直流输电系统、新能源发电系统机电暂态模型，提升了大电网仿真能力。突破了大电网全电磁仿真的核心算法和基础模型，完成了电磁暂态建模技术实用化研发，建成了新一代特高压交直流电网仿真平台，数模仿真和数字仿真系统的仿真规模、实时仿真能力居世界首位。在安全稳定分析方面，开展了多直流馈入系统的动态电压稳定，大规模新能源通过多端柔性直流或混合型直流馈入电网的运行特性以及交直流间、多回直流间耦合特性研究，深层认知了特高压交直流电网运行机理。

近年来，我国风电、光伏等新能源得到跨越式发展，直流输电系统在电力传输中的比例大幅增加。与发电机等传统旋转式电磁能量变换装备相比，直流输电、新能源发电、储能系统等大量采用电力电子技术的新型装备在物理结构、控制方式、动态响应、与其他装备的交互作用等方面都存在显著差异。在仿真及建模方面，这些设备的开关特性、集群控制的切换特性和多样化设备间的耦合特性使电力系统的动态过程变得更加快速和复杂，相应的建模仿真技术亟须发展。在安全稳定分析方面，以同步机为主导的传统稳定问题逐渐演变为以电力电子装备控制为主导的新型稳定问题的特征与机理缺乏深刻理解，系统的运行和演化规律，解决宽频带振荡、大扰动失稳和连锁故障带来的系统安全稳定问题尚未掌握。

4.4.1.2 电网态势感知与控制决策技术

电网态势感知与控制决策技术是指利用先进感知手段与智能量测技术助力电网安全、稳定、高效运行。目前传感与量测技术领域业务系统开发与应用总体处于国际先进水平。建立了输变电设备关键状态量感知的应用体系，取得了声、光、电、磁等感知理论创新和传感器关键技术突破，研制应用超过 130 多种传感终端，开发了局放、温度等在线监测系统，建成电网覆冰、山火、雷电、舞动、台风和地质灾害监（预）测预警中心。围绕电能计量建成了全球最大规模的计量设备大规模自动化检定流水线，建立了较完善的全生命周期计量设备量测技术体系和较完善的试验检测评价体系实验平台，构建了全采集、全覆盖、全预付费用电信息采集系统。

随着我国电网规模扩大，设备在线监测与运维工作量日渐增加，大范围电力基础设施数字化转型升级需求迫切，亟须推动小型化、低功耗、长寿命、智能化传感终端研究及应用；以及攻克现有电网传感设备存在着精度不足、集成化程度低、电磁兼容性不满足需求的问题。在量测方面，需要满足新的新能源接入与综合能源计量与采集，电网公司内部多业务协同与客户对电网服务升级等需求，开展非传统量传溯源、动态信号测试、计量装置全生命周期管理与质量提升、客户侧精准服务与柔性互动等技术研究，利用平台优势带动周边上下游产业进步。

通过先进传感测量、通信、决策以及自动化技术的应用，实现对电网全景实时数据的采集、传输和存储，以及快速数据分析和挖掘。

4.4.1.3 弹性电网及生命线工程关键技术

电力系统的低碳、绿色发展是实现能源变革的主要途径。有别于传统的发展模式，未来电力系统将面临内生故障失稳和外在破坏失电两种风险不断提升的局面。一方面，高比例新能源、高比例电力电子呈现的弱自主支撑能力，使得系统的抗扰动能力不断下降，但同时由于分布式电源、微网等形式的存在，增加了灾后恢复和重启的资源和灵活性；另一方面，物联网、能源互联网、信息网络与电力系统的融和加快，电力系统的暴露面增加，安全链延伸，在世界正处于百年未有之大变局、国际形势不容乐观、极端灾害天气频发的今天，作为社会运作基础的电力系统遭受极端自然灾害、网络攻击、人为破坏、物理攻击的风险不断累积。2021年，美国得克萨斯州经历了极寒天气诱发的停电事故。事故中，得克萨斯州和美国中南部共有1045台发电机组遭遇故障停运、降功率运行、无法开机。事故最严重期间，平均总计3400万千瓦的机组因各种故障无法正常工作，约等于冬季峰值负荷的一半。事故还造成了共2341.8万千瓦的负荷轮停，是美国历史上最大的人工轮停事件。在此次事故中，超450万的得克萨斯州居民曾遭遇停电，有些居民甚至在极寒中遭连续停电长达4天。事后的调查报告指出，由极端低温、冻雨天气直接造成的发电侧故障是此次事故的首要原因。例如，风机叶片结冰可能导致风电机组非计划停运或降功率运行，发电厂控制和信号装置内测压水柱冻结可能引发装置误动，发电厂给水系统、通风系统、润滑系统等内部液体冻结可能导致设备无法正常工作等。这些易受寒冷天气影响的发电设备应被划分为关键设备，提前由发电侧进行辨识并做好冬季准备工作，保障其正常运行。极寒天气下机组燃料问题导致的发电侧故障是事故的第二个重要原因，在这部分故障中，以天然气为燃料的机组故障占87%，其他燃料导致的故障仅占13%。

得克萨斯州停电事故说明了提升电力系统安全性的重要性，作为民用系统，投入极大的成本进行入地化建设既不经济，也不能达到“绝对安全”，因此，亟须开展利用一切资源的弹性电网、保障基本生存的生命线工程关键技术研究。

近年来，美国、欧盟及日本等国家和地区围绕风险评估、设防标准和设备制造等提出构建极端事件下，具有快速恢复供电能力的弹性电力系统作为应对电力安全威胁的主要措施。借鉴美国等国家提出的电网恢复力的理念，国内学者提出了弹性电网的概念及其内涵，并结合新能源大规模发展趋势，将“弹性”作了空间（由电网到电源、负荷，由配电网到输电网）和时间（由事中到涵盖事前、事中、事后的全过程）拓展。目前，一些弹性电网技术措施已在配电网中有示范实践。而生命线工程目前还处于概念发展阶段，尚未进行全面的研究。

4.4.1.4 能源互联网智能动态网络安全技术

能源互联网网络安全防护体系依据电力监控系统安全防护“安全分区、网络专用、横向隔离、纵向认证”方针构建，重点关注边界防护，为保障能源互联网安全运行发挥了重要的保障作用。但现有的能源互联网网络安全防护体系存在边界模糊且难以全面覆盖、难以满足大量信息的快速交互、内部网络安全威胁与供应链风险难以防护等问题，亟须在现有网络安全防护体系基础之上进一步打破内外网边界壁垒，实现从封闭性静态防御的传统网络安全防护体系向面向业务、动态融通、智能内生的网络安全防护体系转变。

目前，能源互联网智能动态网络安全技术研究还处于起步阶段，面临着一系列问题：一是智能化动态防御设备及系统尚不成熟，核心部件依赖国外，无法实现全面国产化，导致安全不可控。二是能源互联网中海量设备产生的数据规模大、规范程度低以及采集手段不足，使得数据的融合和决策面临难题，导致对能源互联网中安全威胁的识别分析和管控不足。三是现有的蜜罐技术主要针对具有大规模影响范围的传统普遍化安全威胁，而对于具有目标性的高级持续性威胁，诱骗与监测能力不充分。四是网络安全威胁分析技术日趋成熟，但网络安全的检测主要集中在对流量数据或者网络报警日志数据分析上，数据源相对片面，使得攻击的特征数据缺乏，攻击检测准确性无法提高。

4.4.2　典型工程实践

4.4.2.1　直流电网实时数字仿真器

加拿大以直流系统分析为主的实时数字仿真器 RT-LAB 和 RTDS 处于国际领先，其具有成熟的电力系统设备模型库，可实现最高 1024 电平的模块化多电平换流器柔性直流装置模拟，占有世界直流电网实时数字仿真加控制系统实验 95% 的市场。

当前，RT-LAB 和 RTDS 在国内具有良好的应用。国网智能电网研究院在 RT-LAB 中搭建了厦门 ±320 千伏柔性直流输电工程的实时数字仿真模型，较好地验证了工程拓扑及参数设计、多站协调控制策略、交直流线路故障机理等，为工程的顺利投运提供了强有力的技术支撑。南京南瑞继保工程技术有限公司在 RTDS 中搭建了杭州大江东直流配电网示范工程的实时数字仿真模型，较好地配合了该工程控制保护系统的性能测试和出厂试验。

4.4.2.2　能源互联网形态下多融合高弹性电网

2021 年 9 月，国网浙江省电力公司提出构想——建设能源互联网形态下多融合高弹性电网，以多元融合高弹性电网为关键路径和核心载体，以电网弹性提升主动应对大规模新能源和高比例外来电的不确定性和不稳定性，以大规模储能为必要条件、源网荷储协调互动为关键举措，以体制机制突破和“四首”（首店、首牌、首秀、首先）创新实践体现引领性和示范性。通过“个十百千”一体推进，源、网、荷、储“四侧突破”，数字、首创、机制、组织“四维引领”，构建具有大受端融合、分布式集聚、高弹性承载、新机制突破、数字化赋能等鲜明浙江特色的新型电力系统。

目前，浙江省的高弹性电网建设已经取得了阶段性成果。浙江省已全面实施高弹性电网规划，将高弹性理念、措施融入电网规划，对“十四五”时期各级电网规划进行修订完善。打造的高弹性配网将源网荷储高效交互元素融入配电网规划，推进 88 个特色区域开展高弹性配电网规划，优选 15 个典型示范区域加快试点建设。同时，浙江省电力公司已引导全省 11 个地市单位制定适宜本地特色的高弹性电网落地方案，省市县三级建设体系基本形成。

未来，国网浙江省电力公司将建设能源互联网形态下多融合高弹性电网，一是需要推动跨区电网协调发展。加快浙江特高压交流环网建设，推进跨区电力互通、备用共享、运行联动，实现长三角一体化电力先行。二是建设省内高承载坚强骨干网架。以大电网安全为核心，特高压"强交强直"、500 千伏"强臂强环、合理分区"，主配网强简有序、协调匹配、整体最优。三是强化网源协调。科学规划新能源总量和各地市分配，实现电网规划与新能源规划的统筹，提升华东省间、省内地市间互济潮流支援能力。四是合理配置储能。根据电网实际，布局多时空尺度储能设施，充分发挥集中式、分布式抽水蓄能电站与新型储能的支撑调节能力，实现多元储能的多场景应用。

4.4.2.3 电网网络安全建设实践

目前，我国电网建成生产控制大区、管理信息大区"两个大区"和互联网边界、信息内外网边界、管理信息大区与生产控制大区边界安全防护"三道防线"。随着大数据、人工智能、拟态防御等新技术的快速发展，我国电网也开始投入建设一批基于大数据分析的安全监测、基于人工智能的态势感知与自动化评估、拟态防御技术及装备研制等项目，但智能化动态防御设备及系统尚不成熟，核心部件依赖国外，无法实现全面国产化。

4.4.3 发展趋势

4.4.3.1 新型电力系统稳定运行机理分析及仿真技术

（1）研究新型电力系统安全稳定机理

分析新能源集中式 / 分布式大规模接入对电网安全稳定特性的影响，研究反映系统稳定性的动态特征量；计及电力电子设备的多时间尺度特性，建立新型电力系统多时间尺度动态模型；分析不同类型故障后新能源机组或集群关键参量变化特征，研究导致设备退出运行的诱发因素，研究不同类型故障下新型电力系统失稳形态及其演化规律。

（2）研究新能源场站多时间尺度建模技术

研究风电机组、光伏逆变器的单机电磁暂态级结构化模型建模；研究风电场、光伏电站模型结构和等值建模方法；研究新能源场站在线仿真建模技术和模型在线参数辨识修正技术；研究含分布式新能源的广义综合负荷模型和聚合等值方法。

（3）研发大规模新能源接入系统的全电磁暂态仿真平台

研究面向电网方式计算批量作业的电磁暂态仿真故障文件解析和网络模型拓

扑变换技术；分析大规模新能源接入系统的电磁暂态并行仿真计算和通信资源需求，研究基于超算集群的大规模电磁暂态并行仿真任务调度技术；研究基于超算集群的全电磁暂态仿真服务架构和多客户端访问技术。

4.4.3.2 态势感知与控制决策技术

新型电力系统安全稳定态势评估、控制策略及辅助决策。

（1）研究新型电力系统安稳态势评估和运行方式控制技术

考虑新能源集群多种接入场景，综合考虑转动惯量、暂态频率、电压安全稳定裕度等分析指标，研究针对电网预想故障及新能源出力变化的电力系统安全稳定态势评估技术；考虑电网运行方式，研究针对新型电力系统安稳裕度提升的运行方式控制策略生成技术。

（2）研究新型电力系统高频振荡监视、预警和控制决策技术

研究基于量测的高频振荡扰动源定位算法，研究制定场站端高频振荡扰动源实时监测、定位及控制辅助决策方案，包括数据处理、算法实现以及结果分析等功能，实现基于场站端的高频振荡监视、预警与控制辅助决策。

（3）研究基于数字孪生的新型电力系统运行方式滚动推演及优化辅助决策技术

研究支撑离线分析和在线监控的电网数字孪生虚拟模型构建方法；研究基于决策图谱的调规数字化方法；研究基于数字孪生的未来态潮流高效生成方法；研究满足限额约束的电网运行方式滚动推演方法以及运行方式优化辅助决策技术。

4.4.3.3 弹性电网及生命线工程关键技术

（1）新型电力系统“三道防线”继电保护技术及安全稳定控制技术

在高比例新能源及电力电子设备接入电网的交直流保护技术方面，研究高比例新能源及电力电子设备接入电网的故障识别及保护原理，高可靠性柔性直流输电保护技术，变电站多源信息的区域后备保护技术；研究基于人工智能、移动互联等技术的交直流保护运行状态感知、缺陷智能诊断、健康状态知识图谱技术；研究交直流保护动作行为智能分析及风险预警技术，保护控制设备智能化运维检修技术。

在新能源全景监视及功率紧急控制技术方面，分析新能源场站全景监视及功率紧急控制的需求，研究新能源功率紧急控制对系统电压稳定、频率稳定、功角稳定的影响机理，研究新能源紧急控制在新型电力系统中的应用场景，研究交直流故障下的新能源紧急控制策略；基于新能源场站现有通信网络，研究满足系统稳定控制要求的新能源全景监控通信架构；研发适用于电网紧急情况下新能源发电单元功率快速控制的装置样机和系统。

在新型电力系统交直流协调紧急控制技术方面，分析新型电力系统交直流

故障后失稳形态演化趋势，研究计及送受端电网动态特性的多直流紧急功率支援技术，研究新型电力系统故障冲击下多类型可控资源的协调紧急控制技术；研究针对海量新能源及多元负荷异构终端广泛灵活接入技术；研发综合直流、常规电源、风电、光伏、储能等多资源的交直流协调紧急控制系统。

在交直流协调紧急控制系统可靠性提升及闭环验证技术方面，研究交直流协调紧急控制系统可靠性的主要影响因素，研究交直流协调紧急控制系统在架构设计、故障识别、互联互通等关键环节的可靠性提升技术；研究面向实时仿真的新型电力系统动态等值方法；以实际高比例新能源电网交直流协调紧急控制系统为对象，研究用于闭环验证的复杂控制系统的功能等效方法，完成硬件在环实验验证。

在新型电力系统宽频振荡抑制技术方面，研究使用数字物理混合仿真进行新能源设备阻抗特性测试流程与整场阻抗聚合方法，以及有利于抑制新能源宽频振荡的新能源控制参数优化方法；研究新能源场站侧装设的静止同步补偿器、分布式调相机对新能源并网产生的宽频振荡的阻尼特性，以及有效的附加阻尼控制策略。

（2）新型电力系统应对极端事件的韧性评估、故障后快速恢复技术

在新型电力系统应对极端事件的韧性评估技术方面，研究新型电力系统极端事件典型场景，基于不同场景下故障元件范围，研究极端事件下的电力系统安全风险；考虑事前准备、事中抵御、事后恢复全过程，研究极端事件下新型电力系统韧性评价指标体系和韧性评估技术。

在新型电力系统应对极端事件的快速恢复技术方面，研究面向新型电力系统的初期黑启动决策优化方法；研究新型电力系统中常规机组与新能源机组协同、源网协调的系统重构策略；研究考虑新能源出力不确定性的负荷恢复策略；研究主网恢复前保障重要负荷可靠供电的应急电源优化调度技术。

在新型电力系统极端事件全过程反演与分析技术方面，研究基于多源异构信息的新型电力系统极端事件数据模型快速生成技术；研究新型电力系统极端事件数据模型校核与优化技术；研究新型电力系统多级调度潮流协同调整技术；研究新型电力系统极端事件稳定计算与协同分析技术；开发新型电力系统极端事件全过程反演与协同分析软件。

4.4.3.4 能源互联网智能动态网络安全技术

重点突破能源互联网动态防御技术、能源互联网态势感知与预测技术、能源互联网蜜罐技术、能源互联网网络安全威胁智能分析技术等关键技术。

在能源互联网动态防御技术方面，研究基于攻防博弈的最优防御策略生成技术，获得防御策略的动态最优；研究基于防御效果评估的攻防策略自适应变换技术，动态调整生成新型防护策略；研究适应源网荷互动的工控系统协同防御策略

构建及优化学习技术。

在能源互联网态势感知与预测技术方面，对电力行业的元数据进行规范，基于大数据和机器学习研究安全态势提取技术；结合能源互联网如智能电网，进一步研究态势评价指标体系和态势值的计算；研究多业务场景下网络安全威胁感知和决策技术。

在能源互联网蜜罐技术方面，加强云计算技术在新型蜜罐技术研究中的应用，利用人工智能技术实现对海量、复杂的网络攻击检测数据的智能化分析，提高网络攻击行为的辨识精度和效率，降低系统运维难度；加强威胁识别与数据分析算法研究，提高攻击画像刻画能力，增强攻击诱骗和捕捉能力，提升高级持续性威胁识别应对能力；开展可定制、可扩展的蜜罐技术框架研究与开发，研究具有业务环境自适应能力的动态蜜罐技术，满足能源互联网等特定场景应用需求。

在能源互联网网络安全威胁智能分析技术方面，研究知识数据联合驱动的工控系统攻击识别技术；研究基于深度学习的代码漏洞挖掘技术；研究攻击载荷自动生成和漏洞自动化利用技术；研究基于关联特征分析的恶意代码溯源技术；研究基于智能威胁情报共享的攻击溯源技术。

到 2025 年，将实现基于软件定义边界的能源互联网零信任安全架构，构建能源互联网全场景可信安全防护体系；研制新一代电力系统智能动态防御系统原型，构建能源互联网中信息侧与物理侧防御资源协同的跨空间级联故障主动防御体系；建立能源互联网蜜罐技术理论支撑体系，研发适用于电力业务场景的蜜罐技术工具、网络部署架构和多场景应用方案；研制能源互联网网络安全威胁智能分析平台，通过与主流的网络漏洞检测软件进行结合，加强多种大数据资源的扫描，对存在威胁的用户访问、情报数据作出精准化筛选与分析，自动调整智能算法模型的阈值，更新用户行为。

参考文献

[1] 汤广福，贺之渊，庞辉. 柔性直流输电工程技术研究、应用及发展［J］. 电力系统自动化，2013，37（15）：3-14.

[2] 王晓晨，吴学光，王婉君，等. 高压直流断路器快速限流控制［J］. 中国电机工程学报，2017，37（4）：997-1005.

[3] 汤广福，王高勇，贺之渊，等. 张北 500 千伏直流电网关键技术与设备研究［J］. 高电压技术，2018，44（7）：2097-2106.

[4] 尹积军，夏清. 能源互联网形态下多元融合高弹性电网的概念设计与探索［J］. 中国电机

工程学报，2021，41（2）：486-497.

［5］王成山，王瑞，于浩，等. 配电网形态演变下的协调规划问题与挑战［J］. 中国电机工程学报，2020，40（8）：2385-2396.

［6］王成山，李鹏，于浩. 智能配电网的新形态及其灵活性特征分析与应用［J］. 电力系统自动化，2018，42（10）：13-21.

［7］孙惠，翟海保，吴鑫. 源网荷储多元协调控制系统的研究及应用［J］. 电工技术学报，2021，36（15）：3264-3271.

［8］马钊，焦在滨，李蕊. 直流配电网络架构与关键技术［J］. 电网技术，2017，41（10）：3348-3357.

［9］彭小圣，熊磊，文劲宇，等. 风电集群短期及超短期功率预测精度改进方法综述［J］. 中国电机工程学报，2016，36（23）：6315-6326，6596.

［10］朱永强，贾利虎，蔡冰倩，等. 交直流混合微电网拓扑与基本控制策略综述［J］. 高电压技术，2016，42（9）：2756-2767.

［11］张玥，王秀丽，曾平良. 欧洲低碳电力路线分析［J］. 电网技术，2016，40（6）：1675-1682.

［12］别朝红，林雁翎，邱爱慈. 弹性电网及其恢复力的基本概念与研究展望［J］. 电力系统自动化，2015，39（22）：1-9.

［13］G L Zhang，H W Zhong，Z F Tan，et al. Texas Electric Power Crisis of 2021 Warns of a New Blackout Mechanism［J］. CSEE Journal of Power and Energy Systems，2022，8（1）：1-9.

［14］饶宏，张东辉，赵晓斌，等. 特高压直流输电的实践和分析［J］. 高电压技术，2015，41（8）：2481-2488.

［15］鲁宗相，闵勇. 基于功率预测的波动性能源发电的多时空尺度调度技术［J］. 电力科学与技术学报，2012，27（3）：28-33.

第5章　构建新型电力系统的能源高效利用技术

构建新型电力系统建设的能源高效利用技术包括产消融合互动技术、低碳综合能源供能技术、终端部门电气化技术三部分（图5.1）。

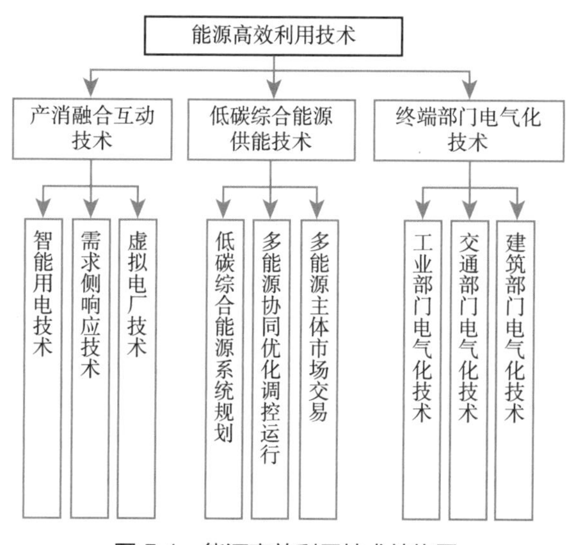

图5.1　能源高效利用技术结构图

5.1　产消融合互动技术

5.1.1　总体概述

信息通信技术的飞速发展为电力系统带来了新的发展机遇与挑战。用户能源电力数据采集、深度挖掘以及供需互动涉及信息通信、电力系统、云计算、人工智能等基础理论与关键技术，是智能电网发展的重要领域。通过解决用户群体多能信息融合和深度挖掘、多元用户用能形态特征提取和建模等问题，实现用户侧和供给侧双向能源信息的交互行为精准分析与预测，并结合系统供需信息开展灵活高效调控，对建立科学合理的电力能源市场模式、用户侧资源的充分利用和优化配置意义重大，是电力能源生产、消费和管理模式发生重大变革的支撑性技术。

产消融合互动技术覆盖市场机制设计、源荷协同调度等关键环节，主要包含智能用电技术、需求侧响应技术、虚拟电厂技术等方向。其中智能用电技术包括智能用电关键技术与装备研发、需求侧潜力分析与特性挖掘，主要面向新型电力系统供需互动的基础设施建设与用户数据分析。需求侧响应技术包括海量需求响应主体互动机制与架构设计、大规模工业需求响应、电动汽车等灵活性资源互动，主要面向负荷侧，侧重市场机制与政策激励。虚拟电厂技术包括信息通信、自动需求响应，侧重区域内各类分布式资源的聚合与协同控制，可直接接受电力系统调度机构的调度。

5.1.2 发展现状

产消融合互动技术可推动能源供给侧和消费侧双向信息互动，实现能源供给的灵活高效管理，是助力新型电力系统实现的有力工具。智能用电技术、需求侧响应技术、虚拟电厂技术已得到广泛推广并实现了商业利用。目前，国网冀北虚拟电厂示范工程已投入运行，包含可调节工商业、智能楼宇、智能家居、储能、电动汽车充电站、分布式光伏等 11 类 19 家可调资源。各省的需求侧响应相关政策也陆续推出，市场参与者也在不断增加。智慧用电基础设施与装备、需求侧响应技术和虚拟电厂技术得到迅速发展，但是在智慧能源计量技术和海量用户供需互动方面仍有关键技术需要突破。

5.1.2.1 智能用电技术

（1）高精度状态感知关键技术与装备研发

供需互动的实施依赖于可靠的智慧用电基础设施与装备。目前亟须研发低成本、高可靠、具备即插即用功能的能源交互终端和智能表计。开展自动状态感知技术研究，对用户电、气、热、水等不同能源的使用情况进行精准测量与自动分析。亟须研发支撑终端负荷灵活调控要求的智能控制开关。研发用户侧高密度、长时程储热（蓄冷）与综合能源联产联供技术与装备、电－气－热高效转换和存储技术及装备。亟须研发自主可控、低成本的用户侧能量管理算法、能量管理系统与能量控制装置。

（2）弹性潜力分析与特性挖掘

实现用电侧智能化，必须根据用电数据提取特征模型或用能模式，进而分析其互动潜力。亟须研究海量用户客观用能习惯过往轨迹和用电用能数据信息挖掘技术、自动计量管理技术、基于人工智能的综合能源负荷精准预测技术、数据驱动的用户用能互动特性和建模方法，构建考虑用电行为特性的滚动弹性辨识技术与需求响应决策模型，分析超大规模居民用户集群的需求响应特性和互动潜力。亟须研究典型工商业用户的生产流程，采用数据驱动方法辨识工业用户运行约束和决策机理，分析工商业用户的需求响应潜力与弹性特性。

5.1.2.2 需求侧响应技术

（1）产消融合互动机制

新型电力系统中将涌现出大量灵活供用能主体，传统的单向能量流将发生改变，这给系统带来了更多样化的运行方式与优化控制空间。以微电网为典型代表的产消者正是其中的典型案例，由于微电网中存在内部和外部双环优化的可能，研究促进产消融合的互动机制显得尤为重要，具体包括抗干扰的分布式鲁棒协同优化、多态可调的系统控制策略、自动拓扑变换转换器、激励相容的市场机制设计。电动汽车是另一类具备移动特性的典型案例，其灵活性潜力影响因素较多，应用场景比较复杂，需要专门设计互动机制。研究新能源汽车与可再生能源高效协同方法，推动新能源汽车与气象、可再生能源电力预测系统信息共享与融合。研究开展新能源汽车智能有序充电、新能源汽车与可再生能源融合发展、城市基础设施与城际智能交通、异构多模式通信网络融合等技术。亟须开展新能源汽车与电网（Vehicle-to-grid，V2G）能量互动技术研究，研究 V2G 市场机制设计。

（2）高并发信息－能量流联合优化

对等分散调控是保障产消融合互动高效性与鲁棒性的关键，其中高并发信息－能量流联合优化是其中的重要前沿技术。亟须研究融合能源流与信息流的双向通信技术，建立能量流与信息流全景仿真平台，其中需要考虑协同算法的高度解耦与并行化，还需要考虑不同主体隐私保护与有限信息交互的实用化场景。技术上需要关注关键信息的辨识与提取方法，建立少迭代甚至零迭代的“预测－决策－协同”智能控制方法。研究支撑海量需求侧资源即插即用、自治协同的高效分布式优化与在线控制算法。亟须研究以价格信号为主体、兼容多种激励形式的响应激励机制，研究支撑多能源形式供需互动的市场机制，研发基于区块链的多元用户能源交易技术。研究综合能源系统中的多主体协同方法，研究考虑弹性负荷的电力系统优化调度方法。研究用户与电网供需互动信息防御技术。研究云计算、边缘计算等技术在需求侧响应中的应用。

5.1.2.3 虚拟电厂技术

（1）低时延的先进信息通信技术研究

虚拟电厂（图 5.2）内部具有运行与控制特性各异的不同主体，可以接收各单元发出的状态信息并同时向控制目标发送远程控制指令，因此内部优化调控工作量与难度均较大，亟须建设低时延的信息通信网络。研究专用虚拟网络及其快速协调组网技术，包括互联网协议服务在内的多种互联网技术、电力线载波技术以及包括全球移动通信系统在内的各种无线通信技术。虚拟电厂中，控制中心不仅可以接受各单元当前状态的信息，还能向控制目标发送控制信号。研究根据不同场景和要求，选取不同通信技术的方法。

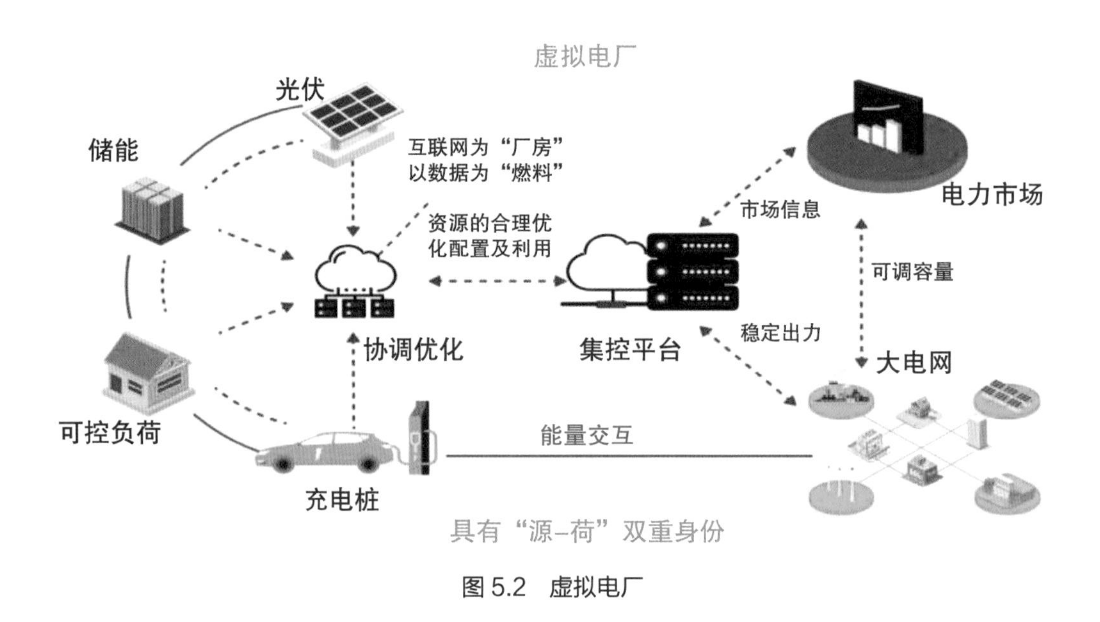

图 5.2　虚拟电厂

（2）自动需求响应技术研究

自动需求响应技术是指根据实时感知的现场环境，对需要调控的设备自动进行"按需"管控。传统的供需互动技术常常依赖人工指令和人工响应，响应的时效性不强，可靠性无法得到保障。亟须研究高时效性的虚拟电厂自动需求响应技术，亟须研究电力辅助服务市场中虚拟电厂的高效自动响应机制与实现技术，提升响应可靠性与灵活性。另外，需要特别关注工业用户的调控优化，研究大型高耗能用户、大型工业园区的制造流程优化、能效管理和友好互动智慧用电技术。研究高能耗行业提供辅助服务、参与辅助服务市场的潜力。基于需求响应需求，对关键生产工艺流程进行改进，研究融合需求响应的生产控制策略。面向产业聚集区，研究多电压、多层级、多应用场景的微电网（群）规划设计技术。

5.1.3　典型工程实践

在智能用电方面，国内外均开展了基础设施建设与配套业务设计。美国通过构建以智能电表为主的先进测量基础设施网络，全面提升电网感知能力。截至

2019 年年底，全美共安装 9480 万台智能电表，其中 88% 为居民用户安装。英国政府拟定了智能用电服务实施计划，到 2024 年前，每个英国家庭都将安装智能电能表，完善用户侧智能用电基础设施建设，并通过相关智能用电业务将余电卖给电网。国网宁夏电力公司开展了“以多环节综合互动为特征的智能电网综合示范工程”，设计了配用电环节互动机制，针对配电网中四种典型用户展开，即专变用户、电动汽车充换电站、微电网和智能社区。国内智光电气集团开展了电力需求侧线下用电服务及智能用电云平台项目、综合能源系统技术研究实验室项目，为用电量较大的工商业用户提供能源接入、能源调度、节能服务以及智能用电服务一体化的综合能源供应和应用解决方案，打造用电侧的能源传输、能源配置、能源交易、信息交互和智能服务于一体的基础性服务网络。

在需求侧响应方面，国内外开展了大量实践。美国电力市场环境相对成熟，是世界上实施需求响应项目最多、种类最齐全的国家。在美国已形成了政府主导，电网、负荷聚合商、用户参与的实施模式。政府通过立法、政策以及强制性标准保障需求响应业务主体的市场地位。实施类型包括可中断负荷、尖峰电价、分时电价与实时电价等项目，其中可中断负荷应用较广。加州的可中断负荷以运营负荷参与计划和需求削减计划为主；纽约电力市场中的可中断负荷参与日前现货市场或运行备用市场；PJM（Pennsylvania–New Jersey–Maryland）市场的可中断负荷分为紧急负荷响应计划和经济负荷响应计划。美国将需求侧响应资源作为提升电网可靠性及经济运行水平的重要手段。2019 年，多区域电力市场均调用了紧急需求响应，以稳定系统频率。在用电侧灵活参与电力调峰辅助服务市场方面，国网华北分部探索构建源网荷储多元协调调度控制系统，提出了《第三方独立主体参与华北电力调峰辅助服务市场试点方案》。政策提出，储能装置、电动汽车（充电桩）、电采暖、负荷侧调节资源等可作为第三方独立主体参与调峰辅助服务市场。因此，电网调峰能力、新能源消纳空间有效提升。而且，负荷侧资源通过调整用电功率大小和时间参与电网调节，大部分资源几乎不涉及改造成本，相较发电侧灵活性改造或配套储能资源建设有明显的优势。

在虚拟电厂方面，国内外开展了一系列工程示范项目。2005—2009 年，来自欧盟 8 个国家的 20 个研究机构和组织合作实施和开展了 FENIX 项目，旨在将大量的分布式电源聚合成虚拟电厂，并使欧盟的供电系统具有更高的稳定性、安全性和可持续性。2012—2015 年，比利时、德国、法国、丹麦、英国等国家联合开展了 WEB2ENERGY 项目，以虚拟电厂的形式聚合管理需求侧资源和分布式能源。国网冀北电力公司结合冀北区位特点和资源禀赋，承担虚拟电厂专项试点示范，完成能源互联网的虚拟电厂示范工程初步建设，为进一步开展基于边云协同和清洁能源互动的虚拟电厂管控技术研究奠定了坚实基础。

当前，我国天津、山东、江苏、上海、浙江、河南、重庆等13个省市已出台基于可调节负荷应用的需求响应补贴类政策，2019年累计组织实施需求响应25次。其中削峰响应17次，参与工业用户2112户、商业用户3294户、居民用户10.21万户，削减尖峰负荷703.77万千瓦；填谷响应8次，参与工业用户2861户、商业用户444户、居民用户288户，增加用电负荷543.55万千瓦，消纳低谷电量13300.24万千瓦·时。在政策、技术、补贴到位且用户自愿的理想情况下，典型行业可调节负荷潜力巨大。其中，以钢铁、水泥、电解铝为例，其可调节负荷占比分别达到20%、24%、22%；建筑楼宇可调节负荷占比超过30%。研究表明，未来3~5年，通过加强技术研发、完善补贴政策和市场交易机制，国家电网公司经营区可调节负荷达5900万千瓦，远期潜力可达7000万千瓦。

5.1.4 发展趋势

在构建有更强新能源消纳能力的新型电力系统过程中，产消融合互动技术能够充分利用用户侧资源，优化资源时空配置，与新能源的不确定性形成良好的互补效应，具有重要价值。我国产消融合互动技术的总体目标为：①研发广域测量、远程校准的智慧能源计量系统，实现亿级计量和测量节点的精确计量。重点研究电气参量新型智能传感，基于广域测量、远程校准的智慧能源计量与物联感知技术，形成智慧精确高效的先进计量基础设施网络；②研制海量用户与电网供需互动智能用电系统与机制。研究电网供需互动机制设计，研发满足高耗能用户、工商业园区、新型城镇用户等互动需求的智能用电平台，网荷友好互动虚拟电厂系统平台，满足千万用户数量级的供需互动需求，具备快速调频能力。

5.2 低碳综合能源供能技术

5.2.1 总体概述

低碳综合能源系统利用先进的物理信息技术和创新管理模式，整合区域内电、气、热、冷、氢等多种能源，实现多种异质能源子系统之间协调规划、优化运行、协同管理和互补互济，可提高能源的综合利用效率与供需协调能力，推动能源清洁生产和就近消纳，减少弃风、弃光、弃水，对建设清洁低碳、安全高效的现代能源体系具有重要的现实意义和深远的战略意义。相较于传统电网，综合能源系统在产能、用能、储能、能量传输和转换等方面都发生了显著变化。各类能源的特性差异及生产消费间的复杂耦合关系对综合能源系统的规划、调控、运行、分析提出了新的挑战。可以说，低碳综合能源供能技术是贯穿新型电力系统全环节的共性关键。

5.2.2 发展现状

新型电力系统的建设对多能互补和多能协调提出了更高的需求，低碳综合能源供能技术可有效提高能源的综合利用效率，提高可再生能源利用率，是重要的能源高效利用技术。其中，我国已在低碳综合能源系统规划、多能源协同优化调控运行和多能源主体市场交易技术方面取得了良好的布局。目前，河北张家口多能互补集成优化示范项目已正式并网发电，为2022年北京冬奥会提供绿色可再生能源，并为综合能源供能技术提供了良好的应用平台。但是，综合能源供能技术的发展仍需政策支持以打破不同能源之间的技术壁垒、市场壁垒和机制壁垒，从而有效地促进能源的可持续发展。

5.2.2.1 低碳综合能源系统规划

（1）多元化清洁能源供给体系

通过创新综合能源系统规划技术，有效整合光伏、风电、热泵、沼气三联供、工业余热余压利用等分布式能源，从多种能源协同发展的角度设计优化能源生产模式，从多能耦合角度探索可再生能源供给比重扩大模式，打造以可再生能源为主体的综合能源低碳供能新结构（图5.3），推动新型电力系统建设，促进风电、太阳能发电装机容量增长，助力多元化清洁能源供给体系建设。

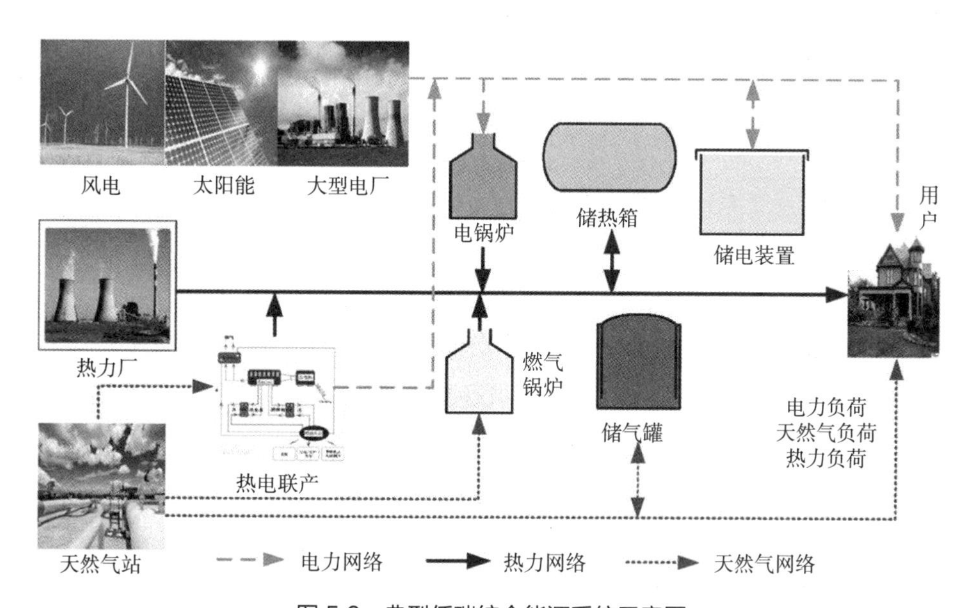

图5.3 典型低碳综合能源系统示意图

（2）工业领域能源脱碳技术

开展工业综合能源脱碳技术方向，解决工业生产电气化、氢能替代、低成本CCUS及循环经济实现难题，达到高能耗工业近零排放效果。工业领域有大量环节使用了煤炭与石油，如冶炼设备多使用煤炭，采矿机械多使用石油，而“以电代煤”“以氢代油”，以及通过工业互联网、人工智能和大数据等数字科技发展节能技术可以有效降低碳排放。以钢铁冶炼为例，传统的燃煤炼钢炉每制造1吨钢会产生2.1吨碳排放，而用“电弧炉+清洁电力”改造后仅有0.6吨。据国家电网预计，在碳中和目标下，工业部门电气化率将由2019年的25%上升至2050年的54%，这说明至少有1/4的设备将进行电气化置换，其市场将是10万亿级别，这将带动相关产业链的巨大增长。

（3）区域综合能源系统技术

与微网相比，区域综合能源系统适用于规模较大的园区或城市区域。它涉及多种能源网络层面的互联互济，面临的对象更多、随机性更强，在运行过程中需考虑的目标和约束更复杂多样。区域综合能源系统强调电、热、冷、气等能源的耦合，以提升综合能源网络的灵活性和经济效益。如瑞典斯德哥尔摩皇家海港区域综合能源系统，它实现了区域内不同能源网络的优化管理；利用配电网与可再生能源发电、热电联产系统的互补，以及储能与需求侧的互动，实现了区域能源供需平衡。

（4）低碳综合能源系统规划技术

低碳综合能源系统规划涉及电、气、冷、热、交通不同能源环节，以及不同部门的利益诉求。需要通过多目标优化，以达到全局优化与局部优化的有机平衡；同时还要考虑大量随机性的影响，以及低碳综合能源发展的长期愿景与近期利益的相对平衡。因此，综合考虑上述因素，基于协同规划技术对低碳综合能源系统开展建设，是亟须突破的技术瓶颈之一。

（5）新型能源转换与传输技术

能源转换环节对综合能源系统的耦合互补及能源综合利用的效率具有重要影响。需要进一步提高既有能源转换环节的效率（如一次能源转换效率、交流变压器、整流/逆变器效率等），大力推进高效能冷热电联产、电解制氢、直流变压器、固态变压器等新型能源转换技术，以提高综合能源利用水平。在能源传输环节，应大力开发柔性直流输电技术、超导电缆输电技术、无线输电技术、能源联合输送技术，以提升能源传输的灵活性、经济性与可靠性，提升系统整体低碳水平。

5.2.2.2 多能源协同优化调控运行

低碳综合能源系统的“源网荷储”涉及特性各异的不同能源环节，既包含传统能源（如电、气、冷、热），也包含新型能源（如氢能、光伏发电、风电等）；既有易于控制的柔性能源，也有间歇性强、难以控制的随机能源；既包含集中式供能部分，也包含分布式供能环节；既包含快动态，也包含慢动态；既要考虑元件和设备级动态，也要考虑单元系统和区域系统级动态；既要关注一种能源系统的内在变化规律，也要关注不同能源系统间的交互转换。在统一框架下，剖析综合能源“源网荷储”之间的多时空尺度的互补机理，实现多能源的协同优化调控，是保障低碳综合能源系统运行效能的关键。

5.2.2.3 多能源主体市场交易

通过推动跨区域多能源系统市场交易技术创新，实现跨区域多能源的联动交互，促进跨区域能源消纳和交易机制完善；通过培育虚拟电厂、负荷聚集商、储能电站等新型市场主体，建立能源消费与能源生产的互动以及不同能源需求之间的协同关系，推动需求响应等辅助市场的市场主体和规则完善；以综合能源系统灵活性特点为基础，加强与其他市场主体的合作与交互，促进能源供给的集群优化和市场主体间的合作共赢。

5.2.3 典型工程实践

广东中山翠亨新区起步区综合能源系统示范项目。根据对各能源系统适用性的分析，以需求侧的电负荷及冷热负荷为基础，翠亨新区起步区充分整合光伏系统、锂电储电、污水制冷、海水制冷、冰蓄冷、水蓄冷、热电联产、蒸汽驱动制冷、液态空气物理储能、氢能源利用等技术，以分布式光伏现场发电为核心，以分布式热电联产为调峰资源，整合分布式产能、储能等零散绿色资源，形成虚拟电厂。同时，利用临近区域电厂的副产品蒸汽，驱动吸收式机组制冷，并配以海水源制冷、污水源制冷、冰蓄冷及水蓄冷系统，保证对应区域的冷负荷需求。翠亨新区的综合能源系统建设将实现能源综合利用率高于75%，可再生能源消纳率100%，供电装机容量永久削峰180兆瓦，具备300兆瓦的调峰能力，并能够降低用户购电和购冷成本，能源设施的投资收益率可达到8%以上。

5.2.4 发展趋势

未来能源将会朝着清洁化、智慧化、去中心化、综合化方向发展，能源利用形式将会呈现冷、热、电、气能源在供应、传输、消费和转化环节的综合优化利用趋势。综合能源系统发展目标包括系统综合能效的提高、系统运行可靠性的提高、用户用能成本的降低、系统碳排放的降低和系统其他污染物排放的降低，旨在整合冷、热、电、气等多种能源资源，推动打破传统单一能源发展的技术壁垒、市场壁垒和体制壁垒，实现多能源的互补互济和协调优化，有效提升能源利用效率、促进能源的可持续发展。

低碳综合能源系统是能源电力系统未来的重要转型方向。“十四五”期间，分布式风电和光伏电源将会得到较大的发展，综合能源系统将在促进新能源消纳、保障供能安全可靠方面发挥更大的作用，各地应以制定碳排放达峰行动方案为契机，结合地方发展特点，统筹推动产业结构、能源结构、交通结构等调整，促进低碳生产，提高能效水平，打造综合能源系统示范工程，以节能减排、低碳环保引领推动能源系统高质量发展。

5.3 终端部门电气化技术

5.3.1 总体概述

在工业领域，当前工业部门的能源消费约占全国终端能耗的 65%（包括建筑业的第二产业为 67.5%），是最大的能源消费和二氧化碳排放部门。预计今后一段时期，中国工业化进程还将持续推进，工业经济在国民经济中维持较高比重，但工业发展将由高碳产业为主向低碳先进制造业为主转变，工业用能效率水平和低碳水平持续提升。

在交通领域，多种类型交通系统蓬勃发展，其能耗和碳排放巨大，是全球第三大温室气体排放源。据统计，我国交通运输领域碳排放占全国终端碳排放的 15% 左右，年均增速保持在 5% 以上，已成为温室气体排放增长最快的领域。“双碳”目标下的电气化交通包括高速磁浮、高速铁路、城市轨道交通、电动汽车、船舶电力推进、航空航天等“海陆空”交通领域，是实现终端用能电气化和能效提升、实现能源低碳转型的关键途径。

建筑领域是实施节能降碳的重点行业领域之一。2019 年，我国建筑领域耗电量 1.89 万亿千瓦・时，建筑领域电力相关间接碳排放约 11 亿吨二氧化碳，其中公共建筑是最大的部分，其次是城镇住宅、农村住宅，还有少量是由北方集中采暖耗电造成。随着城镇化进程的加速和人民生活水平提高，加上产业结构调整、主要依托建筑提供服务场所的第三产业将快速发展，我国建筑用电量和用电强度还有很大的增长空间。未来建筑领域还将释放巨大的节能降碳潜力。

5.3.2 发展现状

电气化发展是实现“双碳”的有效途径，提高电能终端能源消费比重，实现工业部门的电能替代，提高能效水平，是新型电力系统构建的重要举措。当前，“煤改电”、“V2G”、新型建筑电力系统等工业部门、交通部门以及建筑部门电气化技术已得到了良好的发展，其他相关技术也进行了相应的布局与研发。截至2021年年底，我国新能源汽车保有量已达784万辆，深入推进了交通部门电气化转型。但是，在交通网与能源网互动技术，工业能效提升技术以及零碳建筑技术方面仍存在一定短板，需要继续加大技术研发力度，促进电气化转型力度，提升综合能效。

5.3.2.1　工业部门电气化技术

当前工业能源需求已经步入低速增长阶段，2014—2016年工业用能出现负增长。同时，工业能源消费持续向清洁低碳方向转型，2015年以来工业终端煤炭消费减少了1.7亿吨标准煤，煤炭占工业终端能耗比重降低了9%；工业电气化率年均提高约0.6%。预计到2030年，中国基本实现工业化，主要高耗能产品产量达到峰值并有所下降，工业占国民经济比重基本稳定，工业内部结构持续优化，“低能耗、高附加值”的先进制造业和生产型服务业成为工业增长主体。工业终端能源需求可努力在2025年前后达峰，峰值水平在25亿吨标准煤左右；到2030年稳中有降，预计可达19亿~23亿吨标准煤。工业部门能源消费的二氧化碳排放量争取在“十五五”期间达峰，峰值水平在40亿吨以下，并从2030年开始实现明显下降。

2030—2050年，中国全面实现工业化，主要高耗能产品产量持续降低，工业占国民经济比重不断下降，但工业增加值产出将持续增长，部分工业行业绿色低碳水平达到世界先进，工业发展与能源消耗和碳排放实现稳定脱钩。工业部门深度减排潜力主要来自技术进步、工艺革新、循环经济、电气化与用能结构升级等。到2050年，工业部门终端能源消费量控制在14亿吨标准煤左右，二氧化碳排放量控制在5亿吨左右，煤炭消费总量控制在3亿吨以下，电气化率提高到65%以上。

2050—2060年，通过持续提高电气化水平、推广应用氢能、发展CCUS/CCS技术等，除部分难减排行业外，我国工业部门基本实现碳中和。届时，工业二氧化碳排放相比目前水平下降70%~90%，电力成为工业领域主导能源品种，氢能替代工艺实现规模化推广，化石能源在工业终端能源需求中比重大幅下降，并且由燃料利用转向原料利用。

在具体的工业电气化实现技术方面，主要包括鼓励利用热泵技术满足工业低温热力需求，推进“煤改电”“煤改气”等清洁能源替代工程，减少工业散煤利用；提升工业电气化水平，因地制宜利用可再生能源和生物质能替代煤炭；发挥绿色氢能作为低碳原料和绿色能源的“双重属性”，扩大氢能、生物质能在石化、化工、钢铁等工业行业的应用。

5.3.2.2 交通部门电气化技术

（1）新型电气化载运工具

研发电动化、新能源化和清洁化的城市公共交通工具和城市物流配送车辆关键技术装备；重点攻克3万吨级重载列车、时速250千米级高速轮轨货运列车关键装备技术；加强高速磁悬浮系统、高速轮轨客运列车系统、低真空管（隧）道高速列车等技术储备；强化大中型邮轮、大型液化天然气船、极地航行船舶、大型溢油回收船、大型深远海多功能救助船、智能船舶、新能源船舶等自主设计建造能力。

（2）电气化交通低碳高效动力系统装备

高效环保的动力系统是推动电气化交通发展的首要核心技术。重点研究纯电动汽车、插电式混合动力（含增程式）汽车的先进模块化动力电池技术和多能源动力系统集成技术，突破整车智能能量管理控制、轻量化、低摩阻等共性节能技术；在充电设施方面，重点突破电缆与动力电池高性能液冷技术、宽电压范围与高转换效率充电模块技术、高电压平台电动汽车技术、动态无线充电技术等一系列先进充电技术；研究高效率、大推力/大功率发动机装备设备关键技术，攻克永磁同步高速电机、高能效电传动系统关键核心技术，提升轨道交通电力机车、汽车、飞行器、船舶等装备动力传动系统技术水平，形成清洁能源、智能化、数字化、轻量化、环保型的电气化交通成套技术装备体系。

（3）智能交通系统

各种交通方式一体化融合发展是大势所趋，需要大力推动智能交通发展，逐渐形成安全、便捷、高效、绿色、经济的现代化综合交通体系。研究广泛覆盖、深度感知的智能交通系统数据采集与传输架构；重点攻克满足交通系统智能高效数据采集需求的智能终端与芯片技术，研究高速率、高容量、高可靠性、低时延、低能耗的多源、高维数据采集技术，保障海量终端数据实时可靠、安全可控、经济灵活的传输；研究大数据、互联网、人工智能、区块链、超级计算等新技术与交通行业的融合技术方案，推进交通基础设施网、运输服务网、能源网与信息网络融合发展，形成综合交通大数据监控中心。

5.3.2.3 建筑部门电气化技术

（1）以生态文明发展理念作为基础的绿色生活方式和建筑室内环境营造方式

我国城市建筑运行的人均能耗目前仅为美国的1/5~1/4，单位面积的运行能耗也仅为美国的40%左右。这样大的差别主要是由于不同的室内环境营造理念所造成的。我国传统的建筑使用习惯是“部分时间、部分空间”的室内环境营造模式，也就是有人的房间开启照明、空调和其他需要的用能设备，而无人时关闭一切用能设备。这就不同于美国的“全时间、全空间”，无论有人与否，室内环境在全天 24 小时内都维持于要求的状态。这种方式无疑会给使用者带来很大的便捷，但由于实际每个建筑空间的实际使用率为 10%~60%，全天候的室内环境营造导致对能源的巨大需求，为建筑运行实现零碳带来极大的困难。此外，就是建筑的通风方式，是完全依靠机械通风还是尽可能优先采用自然通风；室内热湿环境水平，是维持在满足舒适需求的下边界（冬天维持在温度下限，夏天维持在温度上限）还是维持在舒适性的上边界（冬季维持在温度上限，夏季则维持在温度下限）或过量供冷过量供热。以上这些都会造成建筑运行用能需求的巨大差别。

从生态文明理念出发，坚持我国传统的节约型建筑运行模式，在这种较低的建筑运行能耗强度水平上，可以实现建筑运行能耗的合理增长，才能以更低的成本实现零碳目标。

（2）建筑用能“电气化”

为了实现建筑直接排放零碳化的目标，需要对建筑现有的化石燃料设备进行相应的电气化替代，主要包括：①炊事设备电气化，用电磁炉替代燃气灶具；②生活热水电气化，除尽可能采用太阳能等可再生能源提供外，还可采用直接电热和热泵热水器；③蒸汽设备电气化，蒸汽发生器在民用建筑中的主要用途是医用蒸汽和洗衣房用蒸汽，这部分目前可行的替代方式为电能蒸汽发生器，如热泵式蒸汽发生器；④分散采暖电气化，没有集中供暖的地区宜采用风冷热泵采暖。

（3）“光储直柔”建筑新型电力系统

配合新型电力系统的发展，建筑应该从能源系统的使用者转变为能源系统的生产者、使用者和储存调控者，从而更加有效地生产和消纳风电光电。应大力发展“光储直柔”建筑新型电力系统（图 5.4），其中“光”指的是建筑外表面或者周边场地的分布式光伏；“储”指的是建筑内储能，是转移用能负荷、实现削峰填谷的基础能力，可以有效提高光伏的自发自用率；“直”指低压直流配电系统，灵活高效地连接光伏、蓄电池、电动车以及建筑内的直流设备；“柔”指的是建筑用电设备的功率调节能力，通过改变建筑的负荷规律，协调可再生能源波动性和建筑用户需求的关系。

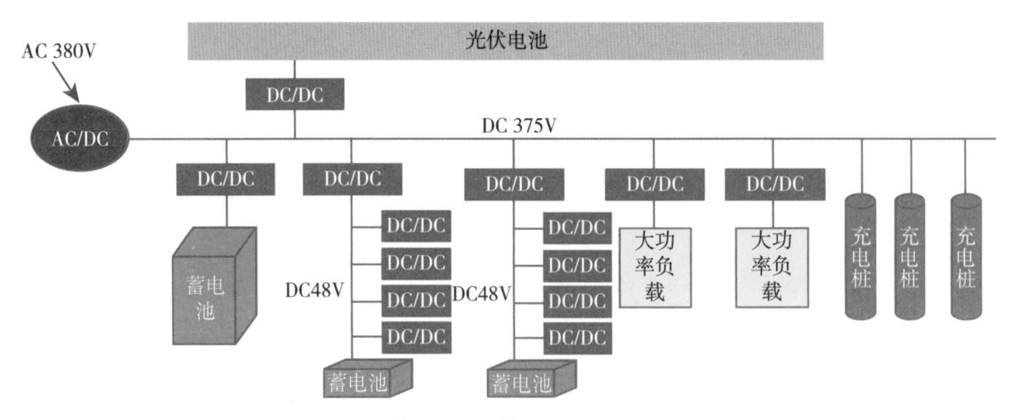

图 5.4 “光储直柔”建筑配电系统原理

同时，通过建筑与周边停车场停留的电动车结合，可以构成容量巨大的分布式蓄能系统，从而实现一天内可再生电力与用电侧需求间的匹配。通过“光储直柔”新型电力系统，可以直接接受风电光电基地的统一调度，每个瞬间根据风光电基地当时的风电光电功率分配各座建筑从外网的取电功率，调度各“光储直柔”建筑的用电功率，使得建筑所使用的电力完全来自风电光电（碳排放因子为0），而与外电网电力中风电光电的整体占比无关。

（4）以分布式光伏为基础的农村新型能源系统

我国农村屋顶空间是重要的可再生能源资源。卫星图像识别分析结果表明，我国农村地区屋顶面积达 273 亿平方米，可安装光伏 19.7 亿千瓦，预计年发电量 2.95 万亿千瓦 · 时，是农村生产生活用电量的 3 倍以上。因此，农村应该全面建立以分布式光伏为基础的新型能源系统，使用光伏发电全面满足农村地区的生活用能、生产用能和交通用能。

以分布式光伏为基础的农村新型能源系统主要包括：分户的直流微网（图5.5），每户 10~20 千瓦的光伏装机，再加上 3~5 千瓦 · 时蓄电池，每户年总发电量可达到 1.2 万 ~3 万千瓦 · 时电力；通过光伏发电满足包括炊事、热水在内的生活用能，北方建筑还能满足 40~60 平方米建筑冬季采暖的需求，户均用电量不超过 5000 千瓦 · 时；对全部农机具进行电气化改造，利用屋顶光伏发电满足电动汽车、电动摩托、拖拉机和其他拖动农机的充电。同时，农村公用建筑及设施和空地也可安装部分光伏，按照村庄设 100 千瓦 · 时蓄电池，同时为各类农业生产和农产品加工设备（水泵、磨面机等）用电供电。所有蓄电池和电动农机具、电动车用电都可采用“需求侧响应”模式，根据光伏状况运行。这样农村地区每年尚余 1/3，约 1 万亿千瓦 · 时电力可选择合适的时段售电上网，协助城市电力削峰。这样既可以完全实现农村能源清洁化，可彻底消除由于燃

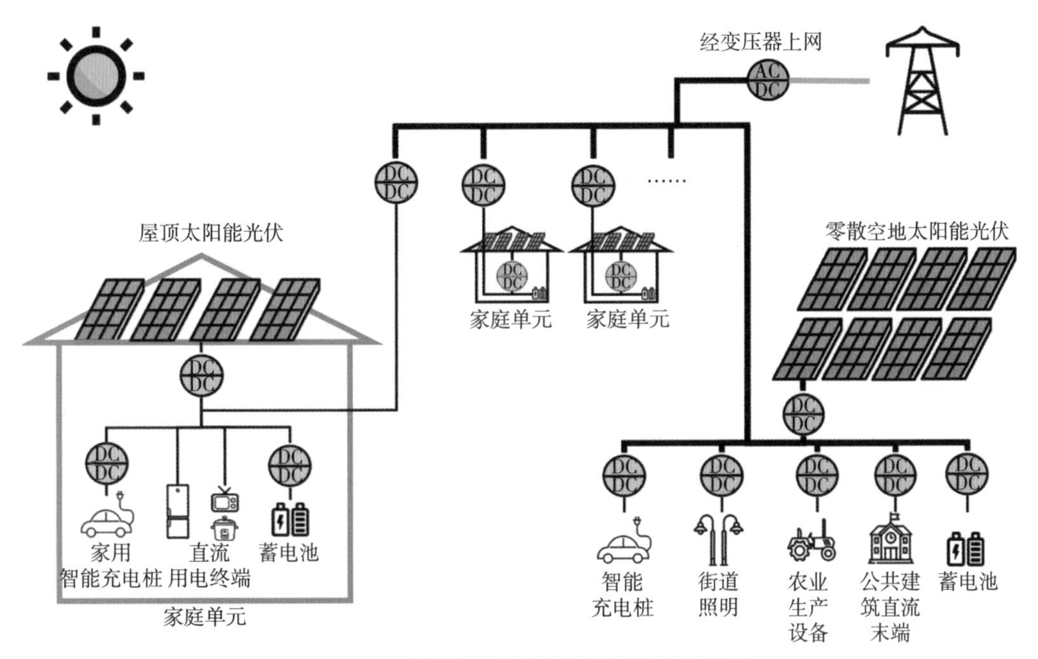

图 5.5　农村基于屋顶光伏的村级直流微网

油驱动的农机具造成的空气污染，还可以降低农民生产生活用能负担，增加农民收入。

5.3.3　典型工程实践

2021 年 8 月在首都体育学院搭建完成并实际投运的“光储直柔”新型建筑电力系统，是行业内首个在既有区域建筑节能改造项目中的成功应用案例。后续全面应用后，可全面打造成为净零能耗示范区。首都体育学院开展的低碳和绿色化改造措施包括：结合学校供热系统现状，对建筑的围护结构进行性能提升改造，减少热量损失；换热站应用气候补偿、水泵变频和远程监控技术进行改造，实现按需供热，提升能效；建筑热力入口应用智能楼栋平衡技术，安装电动温控阀和云平台，实现热力平衡控制和分时分区控制；体育场馆灯具替换为 LED 节能灯具；热水系统升级为太阳能热水 + 空气源热泵（辅助）系统，并增加自控；建设包含分布式发电系统、储能系统、电动汽车充电桩等源网荷一体化并网型微电网；对用电分项计量系统进行完善改造。

改造后首都体育学院既有建筑总体能耗降低 21%，二氧化碳年减排 1877 吨，削减用电峰值 10%，可再生能源 100% 全消纳。部分建筑达到《绿色建筑评价标准》（GB 50378—2019）一星级及以上要求，静态投资回收期 5 年以内。

5.3.4 发展趋势

我国政府高度重视终端部门能效提升技术的发展，将推动工业、交通、建筑电气化作为重点任务。大力推广新能源汽车，积极发展轨道交通，促进交通网与能源网互动，优化交通领域能源消费结构，推动交通产业低碳绿色发展。同时，统筹规划园区能源系统，推动园区工业节能，加快建设绿色节能建筑，优化能源资源利用。

我国70%的工业用能集中在工业园区，工业园区能源消耗量大、用能方式多元化、能源需求大，迫切需要大力发展工业能效提升技术。通过统筹规划园区电、气、热等综合能源系统，合理选择集中式与分布式能源供应方式，协同规划电网、热网、气网等能源传输网络，促进多种能源形态高效协同转化，提升园区综合能效。

目前，我国电气化交通发展形势大好，特别是中国高铁“弯道超车”领跑全球。根据2020年12月国务院办公厅发布的《新能源汽车产业发展规划（2021—2035年）》，2025年我国新能源汽车占比20%，能耗降至12千瓦·时/100千米，2035年成为新销售车辆的主流；结合新能源汽车推广应用，加快充换电基础设施建设。在电气化交通与新型电力系统互动方面，电动汽车要通过能源互联网与可再生能源对接，实现出行零排放。此外，电动汽车作为移动智能终端，通过互联网实现车与人、车与车、车与路实时连接、共享信息，发展车－桩－路－网多维信息融合的信息交互、能量管控与综合调度技术。

对于建筑领域，应合理规划控制城镇建筑规模总量，由大规模建设转入既有建筑的维护与功能提升。以生态文明的发展理念作为基础，追求绿色生活方式和建筑使用模式。继续加强新建建筑节能设计标准的执行，并持续推进国家专有资金支持的既有建筑节能改造，降低建筑采暖需求。制订建筑领域电气化的规划目标与分阶段推进计划，加快各类建筑用能电气化标准和规范的制订。预计到2035年实现新建建筑100%电气化设计。2030年以后，加强开展各类既有建筑的电气化改造，到2045年实现既有建筑用能全面电气化。配合新型电力系统的发展，实现对新建建筑和既有建筑的“光储直柔”改造。联合电力部门与建筑部门，建立“零碳电力运行建筑”标识体系，为零碳运行的建筑授牌，加速各地区各类型“光储直柔”建筑的示范和推广。同时，集中农村能源相关的各项补贴机制（包括煤改电、煤改气、电力增容、清洁采暖、分布式光伏等）和金融资源，扶持建立农村新型能源系统，改善农民炊事、取暖等用能条件，降低农村生产和生活用能成本，增加农民经济收入。

5.4　本章小结

本章介绍了构建新型电力系统的能源高效利用技术，对当前技术发展现状、趋势以及国内外相关进展作出总体评价，通过产消融合互动技术，可实现用户侧和供给侧双向能源信息的交互，并结合系统供需信息开展灵活高效调控；通过低碳综合能源系统技术，可实现多种异质能源子系统之间协调规划、优化运行、协同管理和互补互济；通过终端部门电气化技术，可实现工业、交通、建筑部门能效提升。本章总结了目前技术攻克面临的挑战以及技术发展目标，并结合典型工程实践进行说明，为新型电力系统建设提出重点研究方向。

参考文献

[1] 王莹. 虚拟电厂FUN——“三型两网”的冀北实践[J]. 华北电业，2019（12）：32-35.

[2] 田世明，王蓓蓓，张晶. 智能电网条件下的需求响应关键技术[J]. 中国电机工程学报，2014，34（22）：3576-3589.

[3] 徐筝，孙宏斌，郭庆来. 综合需求响应研究综述及展望[J]. 中国电机工程学报，2018，38（24）：7194-7205，7446.

[4] 周孝信，陈树勇，鲁宗相，等. 能源转型中我国新一代电力系统的技术特征[J]. 中国电机工程学报，2018，38（7）：1893-1904，2205.

[5] 方绍凤，周任军，许福鹿，等. 考虑电热多种负荷综合需求响应的园区微网综合能源系统优化运行[J]. 电力系统及其自动化学报，2020，32（1）：50-57.

[6] 何平，李桂鑫. 清洁能源高比例接入与终端再电气化对城市电网的影响分析[J]. 电力系统及其自动化学报，2021，33（6）：143-150.

第 6 章　构建新型电力系统的能量高效存储技术

新型电力系统的能量高效存储技术包括抽水蓄能技术、电化学储能技术、机械与电磁储能技术、相变储能技术四部分（图 6.1）。

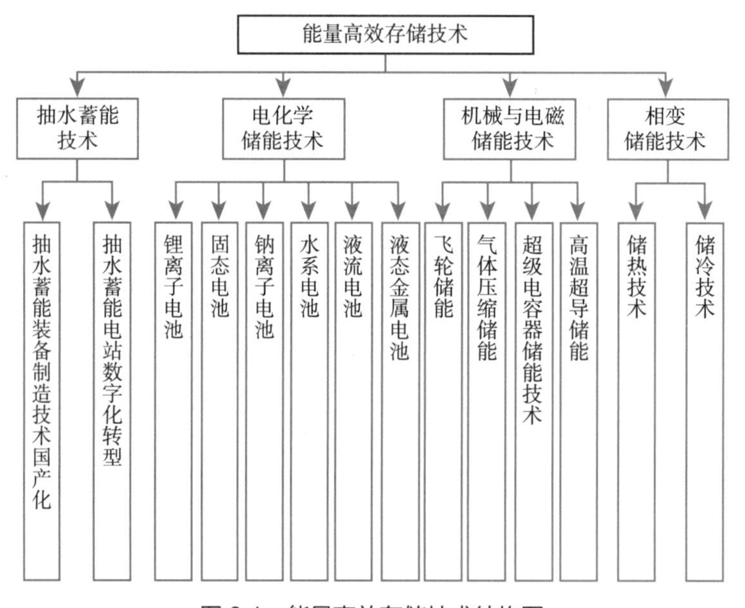

图 6.1　能量高效存储技术结构图

储能是电力系统重要的灵活调节资源，未来作为“源网荷储”的独立环节，统筹电源侧、电网侧、负荷侧、用户侧资源，联合可控负荷、虚拟电厂等灵活性资源参与系统调节，形成源网荷储协同互动的促消纳格局，有效提升源网荷储协调运行的动态平衡能力和系统整体运行效率。储能技术具有广泛的应用价值，体现在电力生产、运输和消费各环节，其具体的作用如表 6.1 所示。

表 6.1 储能技术的价值

发电环节	输电环节	配电环节	用电环节
平滑新能源功率	调频	减小配网功率波动	需求侧响应
应急备用	优化潮流分布	并网运行控制	降低基本电费
降低弃风弃光	电压控制	智能配电网	紧急备用
调频	改善供电品质	降低网损	峰谷套利
黑启动	无功补偿	配网检修	提升自建光伏利用率

6.1 抽水蓄能技术

6.1.1 总体概述

抽水蓄能是当前世界上公认的技术最成熟的大规模储能品种。在电力系统中承担着调峰、填谷、储能、调频、调相、事故备用和黑启动等作用。因此，它也是各国电力系统安全稳定运行的重要保障。世界抽水蓄能技术应用始于欧洲，1882 年世界上第一座抽水蓄能电站诞生于瑞士苏黎世，装机容量 515 千瓦。欧美国家建设了大量以抽水蓄能和燃气电站为主体的灵活、高效、清洁的调节电源，其中美国、德国、法国、日本、意大利等国家发展较快，抽水蓄能和燃气电站在电力系统中的比例均超过 10%。截至 2020 年年底，意大利、美国、日本、德国、法国占比分别达到 55.2%、44.3%、32.3%、15.5%、13.1%。

中国抽水蓄能装机容量和在建容量居世界第一。我国抽水蓄能电站建设起步较晚，1968 年河北省岗南混合式抽水蓄能电站在华北电网投入运行，拉开了我国抽水蓄能电站建设发展的序幕。20 世纪 80 年代中后期，以潘家口电站开工建设为标志，我国抽水蓄能建设迎来第一个建设高峰期，抽水蓄能发展理论探索逐渐深入，工程建设实践经验不断丰富，奠定了我国抽水蓄能完善发展的基础。进入 21 世纪以来，随着亚洲地区的经济高速增长，电力负荷不断增加，世界抽水蓄能电站建设中心转向亚洲。目前，中国、日本和美国的抽水蓄能装机容量位居世界前三位。截至 2020 年年底，中国抽水蓄能电站装机规模 3149 万千瓦，占全球抽水蓄能总规模的 19.7%，位居世界第一。随着可再生能源的快速发展，欧洲部分国家开始重启抽水蓄能电站的建设，如西班牙、德国等国家开始陆续规划并建设部分抽水蓄能电站。

6.1.2 发展现状

随着可再生能源及新能源的快速发展，尤其是“双碳”目标的确立，新型电力系统对抽水蓄能有着更大的需求，抽水蓄能迎来了行业发展的快车道。大容量、高水头可逆式水泵水轮机发电电动机机组得到了广泛应用。目前，浙江仙居电站单机容量375兆瓦，吉林敦化电站设计水头655米，最高扬程达712米。世界上在建装机规模最大、总装机容量为3600兆瓦的抽水蓄能电站坐落在河北丰宁，均已陆续投产发电。电站规划设计、项目建设中施工技术及装备、运行检修、设备制造等有了长足的进步，数字化、机械化、信息化技术已经得到较广泛的应用，取得了很多宝贵经验。机组制造由原来的依靠进口，实现了大容量整机国产化。但在设备制造和建设施工中有些设备部件还依赖进口，关键技术还有待进一步研究。

6.1.2.1 抽水蓄能装备制造技术国产化

（1）大型交流励磁可变速抽水蓄能机组关键技术

研究大型交流励磁可变速抽水蓄能机组关键技术，解决变速发电电动机电磁、通风、绝缘、结构设计、刚强度、水泵水轮机性能、交流励磁装置以及机组工程设计、设备安装、调试、运维等技术难题，加快推进机组成套设备国产化应用，实现抽水蓄能电站调节能力向更灵活、更广泛、更高效大幅迈进，推动我国抽水蓄能产业升级。

（2）大型抽水蓄能机组“卡脖子”技术

研究大型抽水蓄能机组“卡脖子”技术，解决大容量抽水蓄能出口断路器等开关设备、核心控制系统软硬件、空气压缩机等国产化技术难题，打破国外垄断，真正实现大型抽水蓄能机组成套设备自主可控，增强抗风险能力，为坚强电网提供强大稳定器和调节器。

（3）抽水蓄能机械化、电气化、智能化施工技术装备

研究抽水蓄能机械化、电气化、智能化施工技术装备，解决大型地下洞室群智能化机械化施工、复杂地形地质条件下筑坝成库与防渗工程等重大技术问题，突破常规钻爆法施工速度慢、安全风险高、开挖质量不高等较粗放传统施工问题，推动全断面硬岩隧道掘进机技术和施工机械电气化、智能化技术研究应用。

6.1.2.2 抽水蓄能电站数字化转型

（1）抽水蓄能电站数字孪生技术

研究抽水蓄能电站数字孪生技术，充分利用物联网、云计算和大数据等手段，建设基于数字孪生的数字化智能电站，逐步在真实物理空间和虚拟数字空间搭建起“信息－物理－人”协同交互的系统，打造全景监控、虚实融合、高度协同、自主管控、安全高效、绿色低碳的数字孪生电站，提升基建全过程管控能力、电站安全运行水平和企业经营管理效率效能。

在镜像映射孪生阶段，重点开展研究数字化设计规范化问题，解决抽水蓄

能电站全寿命周期三维正向设计难题，推进电站设计、施工、运行等全寿命周期业务的数字化、智能化和可视化，实现虚拟电站和实体电站同步设计、建设和运营，强化安全生产水平，提高企业管理效率和效能。

在仿真推演孪生阶段，重点开展研究决策智能化问题，持续提高电站数字化和设备智能化水平，完善电站设备实时监控与预警联动系统，大力加强智能化算法研究，推进电站三维模型、机理模型和数理模型的全面融合，实现电站全生命周期和全过程的仿真预测，提高运行可靠性与效率。

在反馈控制孪生阶段，重点开展打造抽水蓄能电站数字孪生体，通过云端的虚拟电站来实现对实体电站的运行维护和经营管理，全面建成行业领先的数字化智能电站，显著提高电站运行的安全性、可靠性、灵活性，改善员工的工作强度和工作压力，更好地服务新型电力系统建设。

（2）源网荷储与多能互补关键技术

研究源网荷储与多能互补关键技术，解决抽水蓄能如何在新型电力系统中发挥灵活调节作用，以及抽水蓄能在水风光火储一体化系统的联合运行等技术难题，优化抽水蓄能经济性调度运行技术，更好地适应电网发展、融入新型电力系统建设，促进能源转型发挥作用。

（3）抽水蓄能监测技术体系

研究抽水蓄能监测技术体系，解决抽水蓄能电站综合立体监测技术研究和指标体系设计问题，建立抽水蓄能电站智能综合监测平台；研究卫星遥感等抽水蓄能站点资源动态普查、生态环境跟踪监测技术，优化站点资源储备和保护；研究北斗、5G、无人机等智能感知和抽水蓄能电站集群监测大数据、人工智能技术，推动抽水蓄能设计、建造和管理的数字化、智能化。

6.1.3 典型工程实践

吉林省水力资源开发程度较高。与大多数省份一样，以往的电源结构以大容量燃煤火电机组为主。从电网调峰需要和经济运行角度分析，吉林省电网在过去一段时间里都不同程度地缺乏调峰容量，结合吉林省电网今后的电源建设及构成，解决电网调峰的有效途径就是兴建一批一定规模的抽水蓄能电站。

吉林敦化抽水蓄能电站是吉林省“十二五”规划建设的重点项目。总装机容量 140 万千瓦，安装 4 台单机容量 35 万千瓦可逆式水泵水轮发电电动机组，年设计发电量为 23.42 亿千瓦·时，抽水电量 31.23 亿千瓦·时，以 500 千伏出线接入吉林省电网。电站于 2022 年全部投产。投产后，能有效缓解东北地区电网调节能力不足问题，充分发挥电力供应和调峰填谷作用，每年可促进风、光等清洁能源消纳超过50亿千瓦·时，节约标准煤45万吨，减少二氧化碳排放量87万吨，具有显著的节能减排效益。

抽水蓄能是以新能源为主体的新型电力系统的重要组成部分，对保障电力供应、确保电网安全、促进新能源消纳、推动构建清洁低碳安全高效的能源体系、更好服务“双碳”目标具有十分重要的意义。

6.1.4 发展趋势

我国为推动抽水蓄能技术的健康快速发展，陆续出台了多项鼓励政策。2021年5月，国家发改委下发《关于进一步完善抽水蓄能价格形成机制的意见》，有利于抽水蓄能电站建设引入社会资本投资，并提高电站的利用效率。2021年7月，国家发改委、国家能源局出台《关于加快推动新型储能发展的指导意见》。2021年9月，国家能源局《抽水蓄能中长期发展规划（2021—2035年）》正式印发实施，将加快抽水蓄能电站建设和发展。

目前，抽水蓄能技术正朝着高水头大容量抽水蓄能、混合式抽水蓄能、海水抽水蓄能、废弃矿井抽水蓄能等多种因地制宜类型的抽水蓄能电站等方向发展，混合抽水蓄能电站具有投资小、建设周期短、节省站址资源等优点，可成为常规抽水蓄能电站的有益补充。海水抽水蓄能、废弃矿洞抽水蓄能等新型抽水蓄能电站也有广阔的发展前景，我国在相关领域的理论研究和技术实践有待加强。

6.1.4.1 小型抽水蓄能电站的设计和建设技术

研究中小型抽水蓄能电站的设计和建设技术，针对不同规模的抽水蓄能电站在促进新能源消纳方面的定位和作用不同，发挥中小型抽水蓄能站点资源丰富、布局灵活、距离负荷中心近、与分布式新能源紧密结合等优势，因地制宜规划建设中小型抽水蓄能电站，探索与分布式发电等结合的小微型抽水蓄能技术研发和示范建设，解决场站级、低成本的分布式抽水蓄能电站快速选址、设计和施工难题，满足风电和光伏就地储能的需求。

6.1.4.2 结合常规水电开发的混合式抽水蓄能电站技术

研究结合常规水电开发的混合式抽水蓄能电站技术，解决常规电站改造抽蓄、梯级水电站或常规电站与抽蓄结合开发的规划布局、开发与环保协调、与常规电站协调运行等难题，利用已建水电站增建可逆机组或扩大装机容量，使常规水电站具备抽蓄的功能，缩短建设周期，减小水库淹没和环境影响，节省投资，提高水能利用效率，有效补充电力系统对灵活电源的需求。

6.1.4.3 废弃矿坑开发抽水蓄能电站关键技术

研究废弃矿坑开发抽水蓄能电站关键技术，解决站址选择、工程布置、衬砌支护及防渗处理、运营模式等难题，丰富抽水蓄能站址资源，促进废弃矿洞资源化利用，改善生态环境，发展循环经济，有效补充电力系统对灵活电源的需求。

6.1.4.4　海水抽水蓄能电站关键技术

研究海水抽水蓄能电站关键技术，解决海水抽水蓄能电站规划设计、海水条件下库盆和输水系统防渗及水工建筑物、金属结构防腐、防附着技术与材料选型、环境影响评估与生态修复等技术难题，推动海水抽水蓄能电站建设，促进沿海地区新能源开发，构建安全、稳定、清洁能源供应体系，保障新型电力系统建设。

6.2　电化学储能技术

6.2.1　总体概述

在已有的储能形式中，抽水蓄能是综合效益最好的储能形式。然而，抽水蓄能由于投资成本大和地理因素受限，不适合在缺水、地势平坦、应用场景空间较小的地区建设，因此以电化学储能为代表的新型储能形式得到迅速发展。截至2020年年底，我国电化学储能累计装机规模为3.27吉瓦，占我国储能装机规模的9.2%，同比增长91.2%。电化学储能成为仅次于抽水蓄能的第二大储能形式并处于高速发展阶段，已成为构建新型电力系统不可或缺的灵活性资源。

电化学储能是指通过发生可逆的化学反应来储存或者释放电能量，其特点是能量密度大、转换效率高、建设周期短、站址适应性强等。电化学储能器件包括锂离子电池、固态电池、钠离子电池、水系电池和液流电池。锂离子电池具有储能密度高、储能效率高、自放电小、适应性强、循环寿命长等优点。目前，电化学储能技术水平不断提高、市场模式日渐成熟、应用规模快速扩大，正在成为大规模储能系统应用和示范的主要形式，能够保障可再生能源的大规模应用，提高常规电力系统效率和稳定性，驱动电动汽车等终端用电技术的发展，建立“安全、经济、高效、低碳、共享”的能源体系。

6.2.2　发展现状

电力系统与储能系统的携手并进，将全面支撑“双碳”目标的实现。储能技术特别是电化学储能技术可广泛接入电力系统发、输、配、用四大环节，助力有更强新能源消纳能力的新型电力系统的实现。大容量、高功率的电化学储能技术已逐步进入示范阶段。目前，国内首个100兆瓦级的电化学储能示范项目已在大连完成主体工程建设，功率/容量已达200兆瓦/800兆瓦·时，也是全球最大的全钒液流电池储能项目。具备高响应速度，为电力系统提供辅助服务的储能电站也陆续进入了实际运行。恒益电厂 20 兆瓦 /10 兆瓦·时电化学储能辅助调频项目已正式投运，极大地提高了火电机组调频能力。电化学储能材料制备、系统集成、管理技术等方面已有了一定进步，在发电侧、用户侧、电网侧也开展了各类技术示范应用，拓宽了储能的应用场景。但是，在关键系统设计和核心材料制造上依然任重而道远，还需加大投入进行进一步研究。

6.2.2.1 锂离子电池

（1）材料体系优化改进

材料体系优化改进是指开发新型锂离子电池正极、负极、电解质及隔膜材料，进一步提升电池的循环寿命、能量密度及安全性，同时降低电池成本。产业界主要集中于开发高镍正极、硅碳负极锂离子电池，可显著提升能量密度，降低成本；使用不可燃的固态电解质代替液态电解质生产的固态锂电池，循环寿命及安全性均显著优于常规锂电池，是未来锂电池领域的重要布局方向。

（2）电池结构改进与集成优化

电池结构改进与集成优化是指通过合理设计将电池内部关键材料、电芯、电池保护板、电池辅料、电池连接件等进行合理布局，在有限空间内布置更多电量，并提高电池的安全可靠性。主要优化方向包括：布置叠片工艺来提高单体电芯的能量密度和安全性；使用大容量、高电压电芯及模组、大功率储能变流器（Power Conversion System，PCS）提高成本优势；采用电池簇直流零并联或高压级联方式，减少容量损失，提高一致性；采用电池集成技术（Cell To Pack，CTP）或刀片电池等方式减少或替代模组，以提升电池组体积利用率，从而提升系统能量密度。

（3）管理方案优化改进

管理方案优化改进是指通过优化电池管理系统、集装箱设计、消防控制等方法，提升电池安全性、系统可靠性，同时控制电池成本。如通过完善电池管理系统（Battery Management System，BMS）功能实现对模组甚至单体电芯的精细化管控，提升复杂的协议处理能力与快速响应能力；通过 BMS 与新型消防系统联动，提升系统安全性；通过液冷系统、集装箱内风道设计改进等先进热管理技术，降低模块最高温度及内部温差，减缓电芯性能衰减，提升系统安全性及使用寿命。

6.2.2.2 固态电池

（1）固体电解质的结构设计与性能优化

固态电池的核心是固态电解质。固态电解质一般分为聚合物和无机物两类，其中无机物又分为氧化物固态电解质和硫化物固态电解质。聚合物固态电解质易加工，与电极界面稳定，阻抗较低，但是室温离子电导率低；无机物固态电解质的室温离子电导率远高于聚合物电解质，但是与电极的界面电阻较大。固态电解质的结构设计与性能优化是针对各种固体电解质存在的问题，通过不同电解质的复合及结构设计解决界面接触不良的问题，是工业固态电解质的发展方向。

（2）电极材料开发及界面优化

为发挥固态电池高安全长寿命的优势，需开发相匹配的正负极复合材料，并通过界面修饰进一步提高界面稳定性。例如采用磁控溅射、原子沉积、原位固化、界面润湿等技术构建负极电解质界面修饰层，解决循环过程中因体积效应而产生的界面接触失效、锂枝晶生长等问题，实现稳定兼容的电解质/电极界面。电极与电解质的界面工程调控水平是全固态电池发展的关键，对实现固态电池本质安全应用具有重要意义。

6.2.2.3 钠离子电池

（1）正负极材料优化改性

正负极材料优化改性技术是指通过正负极材料的掺杂、包覆等改性手段对其进行优化改性，需要重点突破正负极材料的能量密度提升技术与循环寿命延长技术，探究稳定材料结构及充放电过程的机理，并通过工艺优化改进降低钠离子电池生产成本。该技术能显著提升钠离子电池的应用竞争力，成为锂离子电池的有效替代品，在未来有望成为构建新型电力系统，保障国家能源安全的重要组成部分。

（2）AB 电池混合集成

AB 电池混合集成是指钠离子电池与锂离子电池集成混合共用的技术，需要重点突破不同电池的搭配比例与搭配方式问题、模组结构设计问题以及精准均衡控制问题。该技术既弥补了钠离子电池技术在现阶段的能量密度短板，也发挥出了它高功率、低温性能的优势，锂–钠电池系统能适配更多应用场景。

6.2.2.4 水系电池

（1）负极材料体系优化

水系电池负极材料体系优化是指选择合适的电极负极材料体系，通过活性炭掺杂、碳包覆等技术提升电池负极材料工作条件下的稳定性，从而提高电池的循环性能。工作环境下，电池负极材料被氧化，是造成水系离子电池容量衰减的主要原因。

（2）水系电解质电化学窗口调控

水的理论分解电压为 1.23 伏，受此限制，一般水系电池的电化学窗口在 0~2 伏，狭窄的充放电电压范围限制了水系电池的工作电压和能量输出。水系电解质电化学窗口调控的核心是通过控制电池体系热力学因素拓宽水系电解质的电化学窗口，例如降低自由水分子及其动力学特性、形成保护膜、使用高浓电解质构筑多重氢键网络结构等，以此提升电池电压、能量密度与循环寿命。

（3）电池单体结构设计

电池单体结构设计是指对电池壳体、正负电极及隔膜组成的极组和电解液等进行统筹设计。水系电池单体结构设计需要解决电池结构尺寸设计与厚电极、集流体的匹配等内部结构问题，从而控制电池的单体容量。此外，电池结构设计还需要实现单体的自定位安装和固定，提高电池空间利用率，降低生产成本，后期维护容易，提高电池一致性。

6.2.2.5 液流电池

（1）全国产化关键材料研发

液流电池关键材料包括电极、双极板、隔膜及电解质溶液，其材料性能决定了电池的综合性能。需重点突破高机械强度双极板的导电性及导热率调控、质子（离子）传导隔膜的孔径结构及连续性调控、高浓度电解液稳定性调控机制等关键技术。通过攻关卡脖子技术，实现关键材料全国产化，在保证电池性能的前提下降低液流电池的成本。

（2）高功率电堆设计制造

电堆由数节或数十节单体电池按压滤机方式叠合组装而成，其结构设计及制造工艺直接影响液流电池储能系统的性能和成本。需重点开展高功率密度电堆内部的流场、电解液浓度、电场、电流密度、极化等分布特性的影响因素和调控机制研究，突破多物理场耦合作用机理及均匀化调控技术以及电堆的全密封结构设计、规模化和连续化制造等技术。通过电堆结构设计创新，减小电堆的内阻，进一步提高电堆的工作电流密度；同时优化高功率密度电堆集成方法和组装工艺，提高电堆一致性和可靠性。

（3）高可靠系统模块集成

集成组合式电池储能系统模块，开发高效电池管理系统，优化系统控制策略是当前推进液流电池技术产业化所面临的挑战。需重点突破液流电池储能系统模块的设计与集成、高效液流电池的智能控制与模块化耦合、液流电池储能系统成套装备开发等关键技术。通过技术创新、系统集成化和规模放大进一步降低产品成本，从而推进液流电池产业化应用。

6.2.2.6 液态金属电池

（1）运行温度低温化

过高的电池运行温度会带来电池配件的腐蚀、封装等技术难题，从而影响电池寿命。需重点突破新型低温液态金属电池电极 / 电解质的设计与优化、多重界面反应传递机理及稳定液 / 液界面构建等关键技术，建立新型低温液态金属电池的基本结构参数。运行温度低温化可有效缓解因高温而引发的系列技术问题。

（2）长寿命及规模化成组

液态金属电池的高温运行环境对电池高温密封绝缘材料提出了高要求，同时成组技术也是规模化应用的关键环节。需要重点突破长效高温密封绝缘关键材料及电池封装、液态金属电池失效机制分析及服役特性调控策略、大容量液态金属电池成组及应用等关键技术。攻克长寿命及规模化成组技术是液态金属电池真正实现产业化推广的必由之路。

6.2.3　典型工程实践

2018 年，河南电网 100 兆瓦电池储能首批示范工程洛阳黄龙站首套集装箱电池储能单元一次并网成功，成为国内首个并网的电网侧分布式电池储能电站项目，标志着分布式电池储能在电网侧应用迈出关键一步。国网河南省电力公司与平高集团合作，选择郑州、洛阳、信阳等 9 个地市的 16 座变电站，采用“分布式布置、模块化设计、单元化接入、集中式调控”的技术方案，建设规模为 100.8 兆瓦 /125.8 兆瓦・时，共计 84 个电池集装箱。这些建设的 100 兆瓦电网侧分布式电池储能工程，按每个家庭同时开 5000 瓦电器计算，可满足 2 万个家庭同时用电 1 小时。河南电网 100 兆瓦电池储能示范工程可以毫秒级的响应时间，为河南省特高压交直流故障提供快速功率支援，同时也丰富了电网调峰调频、大气污染防治手段，提高能源利用综合效益。

6.2.4　发展趋势

2021 年 3 月 1 日，国家发改委、国家能源局发布《关于推进电力源网荷储一体化和多能互补发展的指导意见》，提出探索构建源网荷储高度融合的新型电力系统发展路径。2021 年 7 月 23 日，国家发改委、国家能源局发布《关于加快推动新型储能发展的指导意见》，提出到 2025 年实现新型储能从商业化初期向规模化发展转变，新型储能技术创新能力显著提高，核心技术装备自主可控水平大幅提升，在高安全、低成本、高可靠、长寿命等方面取得长足进步，标准体系基本完善，产业体系日趋完备，市场环境和商业模式基本成熟，装机规模达 3000 万千瓦以上。

围绕国家政策规划设计，电化学储能技术发展要重点围绕以下战略布局：①加强重大装备自主可控，推动短板技术攻关，加快实现核心技术自主化；②加强政府及行业部门顶层设计，加大政策支持力度，明确储能主体地位；③加速构建电化学储能全产业链技术标准体系，推动完善新型储能检测和认证；④依托大数据、人工智能、区块链等技术，结合体制机制综合创新，探索智慧能源、虚拟电厂等多种商业模式，提升行业信息化管理水平。

6.3 机械与电磁储能技术

6.3.1 总体概述

机械与电磁储能是指将电能转换为机械能或者电磁能存储，在需要使用时再重新转换为电能，其储能方式主要包括压缩空气储能、飞轮储能、超级电容储能、超导电磁储能。压缩空气储能采用压缩空气作为储能介质，是一种可规模化应用的能源载体，单机装机功率一般为数十兆瓦至数百兆瓦。飞轮储能是电能通过变流器控制电机驱动飞轮高速旋转，将电能转换为机械能来实现能量存储，在需要能量释放时利用飞轮惯性拖动电机发电，将飞轮存储的机械能转换为电能输出的一种物理储能方式。超级电容储能以超级电容器为能源载体，将电能转变为双电层或快速法拉第反应存储，其中超级电容器是一种功率型能源存储转换装置，具有大功率、长寿命、安全可靠和对温度差异不敏感等优点。超导电磁储能是利用超导线制成的线圈，将电网供电励磁产生的磁场能量储存起来，在需要时再将储存的能量送回电网。

6.3.2 发展现状

在抽水蓄能和电化学储能之外，具有独特特性的机械以及电磁储能技术也得到了广泛的关注与发展，为电力系统的低碳转型提供了强有力的帮助。新型机械储能的代表——压缩空气储能技术兼具大容量、长寿命、清洁低碳及安全稳定的优良特性，是电网级储能的最优选择之一。先进压缩空气储能技术已完成了试验示范并即将进入商业化运行，江苏金坛 60 兆瓦 /300 兆瓦・时盐穴压缩空气储能国家示范电站已实现并网发电，解决了盐穴储气、高效换热、大流量、高压比压缩机设计等多项工程技术难题，并极大地提升了设备国产化率。此外，液态空气储能、复合压缩空气储能技术研发也在有条不紊地推进中。飞轮储能和电磁储能是快响应小容量储能技术，广泛适用于对电能质量有较高需求的场合。现阶段，飞轮储能相关的材料、轴承、电力电子技术不断进步，但是在复合材料制备、磁悬浮轴承以及新型电机等方面我国尚未掌握核心技术。适用于电磁储能的高温超导技术以及超级电容材料技术亦亟待继续研发。

6.3.2.1　飞轮储能

针对以新能源主导的新型电力系统频率稳定性和供电可靠性面临的严峻挑战，新型电力系统面临惯性调节和快速调频稳定的基础性重大战略需求，大力发展高频次、快响应、安全绿色、长寿命的大容量高速惯性飞轮储能技术，提升当前关键指标，开拓新型电力系统高频次、高动态、大容量惯性储能稳定科学新领域，发展和健全飞轮储能电力系统惯性助稳技术体系，主要包括4个基本技术研究方向：①大规模飞轮储能惯性调节、调频稳定与优化调度技术；②飞轮储能关键装备技术与工程；③规模化飞轮储能阵列集群协同控制理论与能量管理技术；④大规模飞轮储能惯性调节、调频稳定与优化调度及工程应用。

通过技术攻关、技术集成落地、产品化、工程示范和大规模推广应用，达到为新能源主导下新型电力系统惯性调节和调频稳定战略需求提供有效可靠技术支撑效果，消除发展新型电力系统的重大频率稳定风险，构建新型电力系统惯性飞轮储能调频稳定理论，提升大容量高速惯性飞轮储能技术至国际先进水平，推进完善产业化、产业链以及行业至国际标准体系，释放产业社会经济效益。

6.3.2.2　气体压缩储能

新型非补燃压缩空气储能技术具有储能容量大、技术可靠、运行寿命长等技术优势，有潜力成为构建新型电力系统的关键支撑性技术。然而，其发展时间较短，技术体系相对单薄、实践经验相对匮乏。为解决上述问题，满足构建新型电力系统对大容量、长周期、长寿命、零碳排和高能效新型储能技术的需求，应着力发展以下技术方向。

（1）应用基础方向

重点部署压缩空气储能系统全能流建模仿真技术，解决新型电力系统中气－热－机－电耦合的多物理系统、跨时间尺度建模难题，为新型非补燃压缩空气储能系统优化设计和运行特性分析提供有效仿真工具。

（2）前沿技术方向

重点部署高参数、宽工况、长寿命压缩空气储能装备设计技术，解决面向大规模波动性风光电力消纳的高温宽工况空气压缩机、大温差长寿命蓄换热器和变负荷空气动力膨胀机设计难题，提升关键设备国产化设计生产水平和抗频繁启停交变损伤能力，改善关键设备宽工况运行能力和全系统运行特性。

（3）产业共性技术方向

重点部署含压缩空气储能的“源网荷储一体化”技术，解决新型电力系统中风光电源、电网、多种负荷和压缩空气储能电站的协同控制和调度难题，改善风光电源并网特性，提升全电力系统灵活运行水平和综合运行效益。

6.3.2.3 超级电容器储能技术

超级电容器储能技术发展的主要方向是在保持长寿命、高安全和高可靠性的前提下，提高超级电容的能量密度和功率密度，降低超级电容的成本。未来几年，着力发展以下几方面。

（1）低成本高性能炭材料

炭材料是超级电容器核心的关键原材料，开发出高比表面、高电压、低内阻炭材料，显著降低生产成本，实现炭材料国产化率大幅度提升是超级电容器行业技术发展的主要趋势。

（2）宽温区、高电压、高电导率的电解液技术

在寒冷的北方作为主动力电源、汽车低温冷启动、冶金行业和数据中心的高使用温度，都需超级电容器具有宽的工作温度范围。另外，需要高电导率电解液保证高功率密度，针对双电层电容器还需提高电解液的工作电压，来提升产品的能量密度。宽温区、高电压、高电导率的电解液开发迫在眉睫。

（3）先进的电极制造工艺

干电极制造工艺，不使用溶剂，可降低成本，简化工艺，可制备厚电极，从而提升产品能量密度。开发具有自主知识产权的干电极生产工艺及设备，打破国外垄断格局。

（4）高比能量、高功率混合电容器技术

高比能量、高功率和高低温性能优异的新型储能电极材料的可控制备，开发高离子传导性隔膜，低内阻集流体，使其在保持超级电容高比功率、长寿命和快速充电特性的同时大幅提高比能量，是超级电容器行业追求的目标。

6.3.2.4 高温超导储能

高温超导储能技术发展的主要方向是探索系统新型设计原理，突破 2.5 兆瓦 / 5 兆焦以上高温超导储能磁体设计技术，并实现大型高温超导储能装置示范运营。技术发展主要包括以下几方面。

（1）装置层面——模块化

现代电力系统的容量越来越大，网络结构也越来越复杂，单台超导电磁储能系统在进行系统稳定控制时存在一定的局限性，而模块化超导电磁储能具有布置灵活、可靠性高、便于扩展等优点。模块化超导电磁储能技术包括模块化储能磁体的电磁热力综合优化设计、大容量模块化变流器与协调控制技术、超导电磁储能模块化集成和保护技术。

（2）应用层面——多元复合储能技术

在应用层面，通过超导电磁储能与其他储能装置组合，构成多元复合储能系

统，以充分发挥储能装置各自的优势。超导电磁储能与蓄电池分别用双向 DC/DC 斩波器与网侧 DC/AC 变流器直流母线相连。具有快速补偿能力的超导电磁储能承担瞬态或持续时间较短的动态功率补偿，具有大容量储能的蓄电池承担时间尺度较长的功率补偿、能量调节任务。

（3）控制层面——状态评估

超导电磁储能的功率输出能力与变流器拓扑结构、参数及超导磁体电流密切相关。基于 SMES 状态评估，明确超导电磁储能功率输出特性对磁体热稳定性的影响，能够根据磁体温度在线评估超导电磁储能的最大可输出功率，提高超导电磁储能在系统中应用的安全性，并最大化利用超导电磁储能。

6.3.3 典型工程实践

2021 年，江苏金坛盐穴压缩空气储能国家试验示范项目并网试验成功，压力超过 100 个大气压的空气从地下千米深处的盐穴奔涌而出，驱动世界最大的空气透平做功，向国家电网发出我国首个大型压缩空气储能电站的“第一度电”。世界首个非补燃压缩空气储能电站并网试验成功，标志着我国新型储能技术的研发和应用取得重大突破。该项目依托清华大学非补燃压缩空气储能技术，研发了高负荷离心压缩机、高参数换热器、大型空气透平等核心设备，实现了主装备完全国产化，立项压缩空气储能首个国家标准、首个电力行业标准以及 3 个团体标准，逐步形成中国压缩空气储能标准体系。

6.3.4 发展趋势

按照碳中和战略目标，2035 年新能源装机容量要占到国家整个发电机组容量的 20%。相比传统火电机组，新能源具有典型的波动性和随机性特征，新能源发电机组欠缺惯量支撑和短时高频次一次和二次调频能力，将严重威胁电网频率稳定和安全运行，这是新型电力系统面临的重大战略需求。我国政府高度重视机械与电磁储能技术的发展，将飞轮储能、压缩空气储能、超级电容储能、电磁储能技术创新作为重点任务：①发展兆瓦级百兆焦级高速飞轮储能单机，建立 10 兆瓦级飞轮储能试验基地，开展 10~100 兆瓦级飞轮储能工程示范；②加快压缩空气储能产业链的形成和完善，到 2035 年将形成依托地下盐穴、地下废弃矿洞形成大型压缩空气储能集群，以单独储能电站或小型储能电站集群的形式在集中风光场站推广应用，新增装机容量有望突破 1000 兆瓦 /4000 兆瓦・时；③研发能量密度 70 瓦・时 / 千克、最大功率密度 30 瓦 / 千克的长循环寿命超级电容器单体技术，研究 100 兆瓦级超级电容器储能系统集成关键技术，重点推动超级电容器在短时低频规模储能、新能源汽车和智能联网汽车的应用；④研究新型超导材料，降低超导电磁储能的生产成本，对用于产生超导态低温条件的冷却装置等关键设备实现国产化，突破 2.5 兆瓦 /5 兆焦以上高温超导储能磁体设计技术，开发大型高温超导储能装置及挂网示范运行。

6.4 相变储能技术

6.4.1 总体概述

相变储能技术包括相变储热技术和储冷技术，具有低成本、大容量和长寿命等优点。储热技术是利用固体、液体或者相变储热材料作为储热介质，通过各种能量与热能的相互转化，实现能量的储存和管理。储热可分为显热储热、相变储热和热化学储热。储冷技术主要指利用储冷介质的显热或潜热将冷量存储，在需要时进行释放，满足用冷需求的技术。储冷技术，特别是大规模储冷技术具备消纳可再生能源富余电力和电网低谷电力的能力。

相变储能技术是新型电力系统的创新技术，可实现常规电力削峰填谷、系统调频，提高电力系统效率、安全性和经济性；实现可再生能源发电大规模接入，有效改善能源结构，解决弃风、弃光等问题，目前已成为各国竞相发展的战略新兴产业方向。

6.4.2 发展现状

在储热储冷技术方面，2000 年年初，日本在传统冰球和盘管冰蓄冷技术基础上提出了流态化冰浆技术，迅速开展了技术验证和产业化示范，将冰蓄冷技术的系统效率和负荷响应性能提升到了新高度，并取得了很好效果。然而现有的冰浆技术为保障系统的稳定性，在制冷剂循环和水循环之间增加了载冷剂循环，不但增加了换热损失，而且载冷剂循环泵的能耗也进一步降低了系统能效。因此，更加高效和稳定的冰浆制取技术成为国际研究的前沿和热点。

国内蓄热方面开发出了系列低成本、低熔点、高分解温度硝酸熔盐，在光热发电供热以及电供热等领域进行了示范应用，但温度限于 600℃以下。国内也进行了高温混合氯化和碳酸熔盐的研发，但氯化盐腐蚀严重，碳酸熔盐含有碳酸锂，成本较高。因此，低成本、低腐蚀、超高温熔盐和高温高效换热器等是关键“卡脖子”技术。储冷方面，国内学者攻克过冷水稳定换热技术、高效促晶技术、冰晶防传播技术等系列关键技术，在冰浆制备和大容量蓄冷应用领域成为国际重要的技术力量。但需要进一步优化系统流程，大幅度提升冰浆系统的能效和规模，实现我国的大规模蓄冷技术大规模应用提供技术支撑。可见，尽管目前我国储热储冷技术已取得了一定进展，但还存在一些问题亟待攻克。

6.4.2.1 储热技术

（1）高温熔盐储热材料与装置的研发

开发600~800℃系列高温熔融盐传热储热材料；研究储能材料微结构与宏观输运过程的量化规律，探悉储能材料结构－组成－热物性－传蓄热性能多尺度多物理现象间的关系，建立材料基础热力学和动力学数据库；高温熔盐储热设备研发，如高温吸热器、熔盐泵、储罐、换热器等；复合高温熔盐储能系统流程优化和集成技术。

（2）低成本储热传热一体化装置的研发

不同温度段高密度储热材料的研发；模块式储热装置的储热传热性能提升技术；模块式储热装置的集成优化与动态调控。

（3）电加热高温熔盐蓄热的冷热电联供储能调峰电站关键技术研发与集成示范

低成本高温传热蓄热混合熔盐材料的配方优选、性能提升与批量制备技术；大容量电加热大温差高温熔盐换热器的强化传热、设计优化与制造技术；大容量高电压熔盐电加热器的设计优化与制造技术、大容量高温蓄热罐的设计制造与地基处理技术；长轴高温熔盐泵的设计制造技术；大温差熔盐－水/蒸汽换热器的设计制造技术；大容量熔盐蓄热系统的设计、优化与运行调控技术；熔盐的熔化与填充技术。高温熔盐蓄热的冷热电联供储能调峰电站设计优化与集成技术；电站的动态仿真、在线监测与运行调控策略；电站的冷热电匹配优化、一体化能量管理与调度技术；大容量熔盐蓄热电站技术的长期运行考核和试验验证。

（4）集成储热的分布式太阳能热电联供关键技术研发与示范

研究开发适合分布式太阳能热电联供的储热材料和储热装置，进行储热装置、太阳能集热装置、动力装置、热电比的优化匹配，研究分布式太阳能热电联供系统的动态特性和运行调控策略，进行分布式太阳能热电联供系统的集成与示范。

6.4.2.2 储冷技术

（1）冰浆蓄冷技术

冰浆不仅是良好的储冷介质，也是优异的高密度冷量输送介质，已在中央空调蓄冷、区域供冷、快速预冷及果蔬保鲜等领域都有成功应用案例。因此，应大力推广冰浆储冷技术的发展，重点加强动态冰浆蓄冷技术研发，展开多种高效的动态冰浆制取技术研究，攻克过冷水制取冰浆系统不稳定性技术难题，着力优化系统配置，提高冰浆制取系统的能效。

（2）区域供冷技术

区域供冷是构建储冷体系的主要承担者和关键环节，要加强区域供冷的技术难点攻关，发展区域供冷结合技术与跨季节蓄冷技术、废弃冷量回收有机结合，大力发展区域供冷先行示范工程，加大区域供冷的规模建设工作，加快冷量流动交换过程的信息化管理，加强区域供冷行业标准化建设，推进区域供冷与冷链网络的接驳建设，统筹协调区域供冷与区域供暖的发展。

（3）储冷与大规模储能结合

以大电网为核心，利用电网对能量产生和使用的解耦特性，储冷技术联合其他储能技术，如液态空气储能技术、热泵储能技术和超导飞轮储能等技术等，充分利用不同储能技术之间的优势，提高整个能量体系的能效。

（4）多温区低成本高能量密度储冷材料开发和应用

提高储冷材料能量密度可以大幅降低储冷介质的需求质量，提升储冷的适用范围。开展各温区的新型高能量密度储冷材料的技术研发，开发纯物质相变材料、均相混合相变材料、纳米添加剂与复合相变材料、可泵送胶囊相变材料和浆态相变材料等，掌握关键制备技术以及关键部件设计制造技术，形成可行的多温区高能量密度储冷材料的实际方案和技术路线。

6.4.3 典型工程实践

江苏同里区域能源互联网示范区建成了世界首个高温相变光热发电系统，系统由碟式光热发电机组和储热系统组成，碟式光热发电系统收集太阳能发电，剩余热量储存于高温相变储热系统中，为示范区供热、无光照情况下带动汽轮发电。一方面，该工程充分利用太阳能资源，提升能源综合利用效率。另一方面，该工程增加了储热系统，改善光热电站输出电能的连续性和稳定性，实现友好并网。 根据负荷变化，可灵活释放热能储备，实现调峰。通过构建多能互济互补、综合利用体系，以微网路由器为核心的交直流混合能源网络，示范区已实现100% 清洁能源消纳。

6.4.4 发展趋势

储热技术要攻克复合储热材料的制备与性能关联提升机理、大容量储热装置的可靠性设计与安全运行、新型储热单元与装置内部的流动、传热传质、相变和反应动力学复杂行为、耦合优化及其性能调控等关键科学技术问题。研发分解温度大于 710℃的系列储热材料和 100 兆瓦 · 时的超高温储热装置并进行示范，建立大型熔盐高温储热罐的设计制造及性能检测规范和超高温换热器设计规范；研发 50~600℃的系列显热和相变储热材料和 1 兆瓦 · 时储热传热一体化装置；研发系列低成本、高密度、稳定性好的化学储热材料及装置；开展配备超高温储热高参数太阳能热发电，高温储热火电厂调峰、电储热发电、高温储热间歇工业余热使用、集成储热的综合能源系统的技术攻关、示范和推广应用，构建可再生能源为主体的新型电力系统。

储冷技术要构建“制冷－储冷－输冷－用冷”的综合能源网络子体系。要协调多目标规划，加快区域集中供冷供暖建设，加快规模化建设，加强信息化管理程度，提升系统能效。提高新储冷材料的开发能力和应用水平。注重多温区、低成本、高能量密度的储冷介质材料开发，从显热储冷到相变储冷材料领域加大研发力度，加强难点痛点问题技术攻关，掌握关键制备技术和关键部件设计方案，注重推进新储冷材料的产业化发展，提高商业化水平。

6.5　大规模储能发展模式及实施路线

6.5.1　大规模储能发展模式

2030 年前后，我国将形成以抽蓄和电化学为主、多类型储能协同发展的格局，储能对电力系统灵活性调节的定位包括电力保障性调节与电力市场化调节。依据储能配置的不同定位，将储能的发展模式分为基本型、保障型与市场型模式三类。对于基本型，在高比例新能源地区，推进储能作为新能源场站并网的基本配置，形成“新能源＋储能”的基本型模式，改善高比例新能源消纳和新能源并网安全稳定问题。对于保障型，具有主动支撑能力的大容量电化学储能电站集成技术实现突破后，储能作为主要调节资源参与电力系统的惯性支撑、紧急功率支撑、调压等维护电网安全稳定的保障性功能场景，对于储能的需求是迫切刚性的，应推广纳入电网公司监管。对于市场型，随着电力市场改革的不断推进，储能参与电网二次调频、调峰以及用户侧广域聚合等功能场景，将以独立或与其他调节电源共同参与电力辅助服务市场的模式，通过市场化模式发展。

在储能市场化过程中，以共享经济思想为核心的“云储能”技术在近年来得到了广泛关注与发展。云储能以“共享”为主要价值取向，通过用户共享储能资源提高资源利用效率，进而实现综合成本的降低，并在此基础上进一步满足更多用户的储能使用需求。云储能商业模式（图 6.2）以服务用户为核心，全力为用户提供简便易用、质优价廉的储能服务。云储能商业模式可以直接通过售电商或者节能服务公司进行营销。随着售电侧市场的不断发展，云储能将作为能源增值服务中的一个品种，建立线上线下相结合的灵活营销渠道，并能结合大数据技术针对不同用户开展差异化精准营销。在云储能的实践路径上，对分布式储能的“聚合”复用和对集中式储能的“分散”复用的相关理论研究与示范验证工作均已开展，在储能共享运用层面降低了储能建设成本，加快了投资经济性，为储能的长远发展奠定了基础。

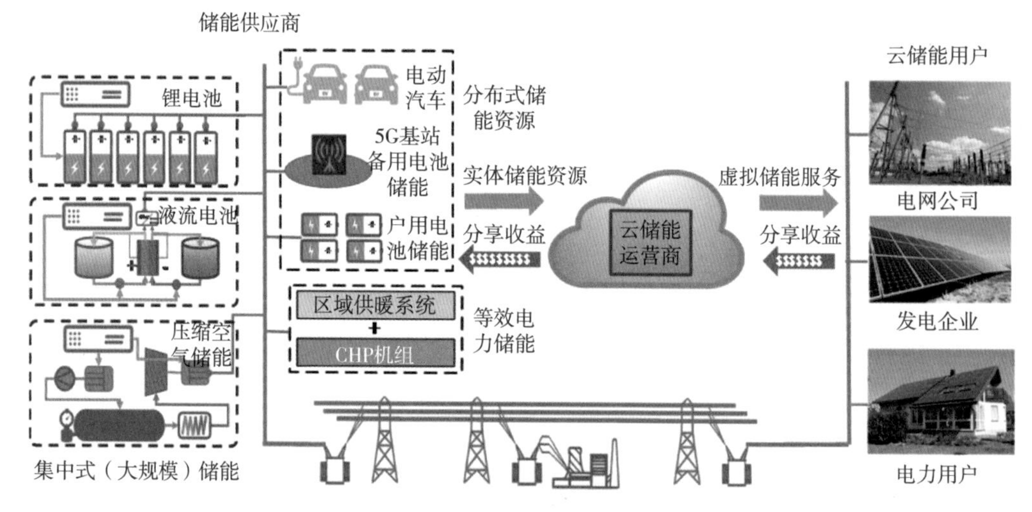

图 6.2 云储能系统的基本结构示意图

6.5.2 大规模储能实施路线

立足储能在能源互联网的发展定位，进一步深化储能产业，培育电力系统变革新业态，建立大规模储能分阶段实施路线。

6.5.2.1 近期目标（2025 年）

由于电化学储能技术发展空间巨大，适用场景广泛，许多国家制定的储能战略发展规划中均将电化学储能低成本化、高安全化、高效率化作为未来突破的重点。预计 2025 年前后，电化学储能建设成本与抽蓄相当，突破大规模电化学储能系统高压化、电源化集成技术，技术成熟度可支撑规模化应用需求。100 兆瓦压缩空气储能系统的转换效率将达到 65% 左右，单位容量成本预计降低 30%。飞轮储能技术成熟度提升，成本进一步下降。

规模化储能基本形成基本型、保障型、市场型的应用发展模式，实现不同地区新能源场站与储能合理配置比例，扩大大规模储能试点示范工程建设。保障型储能建立价格疏导机制，并纳入输配电价。

6.5.2.2 中期目标（2030 年）

形成下一代储能研发能力和装置制备技术。电化学储能突破高比能量电池技术，如金属空气电池，大幅提高电池的容量、单位储能密度，实现长寿化、低成本化突破，成本低于抽蓄，大规模光 + 储联合发电成本将低于标杆机组电价。相变储能技术实现低成本、高稳定性和高能量密度等核心技术的突破，重点突破化学储热储冷关键技术，研制化学储热技术储热密度大于400千瓦·时/立方米大容量高温储热装置，实现储热电站中的示范应用。

实现以抽蓄和电化学为主，多类型储能协同发展的格局。突破广域分布储能系统在电力系统中应用的耦合机制及控制管理技术；形成储能系统特性检测及综合评估体系；形成高效低成本分布式储能装置，普及分布式储能“即插即用”式接入电网技术。

6.5.2.3 远期目标（2060年）

基于高效协同管理和统一规划，大容量、低成本、高安全的电化学储能，高效率、低成本压缩空气储能，大规模广域分布的分布式储能，蓄冷/蓄热相变储能等多种储能技术实现大容量、长寿命、跨季节突破，在能源转换和消纳各环节大范围推广应用。广义储能装机比例超过20%，可支撑电网消纳非水可再生能源发电电量的比例达到50%。

海量分布式储能的聚合效应在新能源接入、用户互动等方面逐步凸显。随着清洁能源大量分散接入和终端用户双向互动，储能系统的作用从以能源互联为导向，形成以清洁能源为主导、以电为中心、多类型能源互联互通的格局，实现电–冷–热的多类型能源网络柔性互联、大容量协同运行、多时空联合调控。以储能作为核心承载技术的多能互补、双向互动一体化示范工程将实现全方位支撑高比例可再生能源，实现新一代电力系统的发展愿景。

6.6 本章小结

本章介绍了构建新型电力系统的能量高效存储技术，抽水蓄能技术作为最成熟的储能技术，是新型电力系统安全稳定运行的重要保障；电化学储能是仅次于抽水蓄能的第二大储能形式，并处于高速发展阶段，已成为构建新型电力系统不可或缺的灵活性资源；机械与电磁储能技术兼具大容量、长寿命、清洁低碳及安全稳定的优良特性，是电网级储能的最优选择之一；相变储能技术是新型电力系统创新技术，可实现常规电力削峰填谷、系统调频，提高电力系统效率、安全性和经济性。此外，本章进一步介绍了未来大规模储能发展模式，并对其实施路线进行了展望。

参考文献

[1] 汤匀，岳芳，郭楷模，等. 下一代电化学储能技术国际发展态势分析[J]. 储能科学与技

术，2022，11（1）：89–97.
[2] 李建林，王哲，曾伟，等. 百兆瓦级电化学储能电站能量管理研究综述［J/OL］. 高电压技术：1–15［2022–04–22］. DOI：10.13336/j.1003–6520.hve.20211835.
[3] 黎冲，王成辉，王高，等. 电化学储能商业化及应用现状分析［J］. 电气应用，2021，40（7）：15–22.
[4] 杨裕生. 电化学储能研究 22 年回顾［J］. 电化学，2020，26（4）：443–463.
[5] 李广阔，王国华，薛小代，等. 金坛盐穴压缩空气储能电站调相模式设计与分析［J］. 电力系统自动化，2021，45（19）：91–99.
[6] 陈海生，李泓，马文涛，等. 2021 年中国储能技术研究进展［J］. 储能科学与技术，2022，11（3）：1052–1076.
[7] 王睿佳. 飞轮储能在电力系统的应用和发展前景［J］. 中国电业，2021（5）：21–23.
[8] 曹雨军，夏芳敏，朱红亮，等. 超导储能在新能源电力系统中的应用与展望［J］. 电工电气，2021（10）：1–6，26.
[9] 康重庆，刘静琨，张宁. 未来电力系统储能的新形态：云储能［J］. 电力系统自动化，2017，41（21）：2–8，16.
[10] 刘静琨，张宁，康重庆. 电力系统云储能研究框架与基础模型［J］. 中国电机工程学报，2017，37（12）：3361–3371，3663.

第 7 章　构建新型电力系统的共性关键支撑技术

构建新型电力系统的共性关键支撑技术，包括新型电工材料、新型电力系统器件、电网数字化技术、高性能仿真计算与求解技术、电力北斗技术、电力网络碳流分析技术六大部分（图 7.1）。

7.1　新型电工材料

7.1.1　总体概述

电力负荷需求的持续增长、新型电力系统的逐步构建以及“双碳”背景下新能源技术的快速发展，对电力系统的清洁低碳、安全环保、智能高效提出了更高的要求，以传统电工材料为基础的电力设备，其性能常受到核心部件材料电气物理性能参数的限制而无法满足新形势下电力系统的发展建设需求。

新型电工材料的研发及应用一直是美国、日本、德国、瑞典等国外发达国家关注的热点，新型绝缘材料、节能导体材料、新型磁性材料、超材料等领域的技术水平处于国际领先地位。近十年来，我国也高度重视电力能源存储、转换与传输技术相关的新型电工材料的发展，研究工作稳步推进，有力支撑了我国新型装备及技术的重大突破，“十三五”期间电力产业技术整体取得重大进步，部分领域走在世界前列。

随着电工学科与技术的发展，高压绝缘材料、纳米电介质材料、石墨烯材料、超材料、纳米晶等新型电工材料不断涌现。发展高性能的电工材料，将使我们有能力突破传统电工材料的物理极限，科学指导高端装备国产化进程中关键材料“卡脖子”问题的解决，助力传统电力设备的升级换代，提高电力系统的安全性、高效性和环境友好性，全力支撑我国新型电力系统的建设和国家“双碳”目

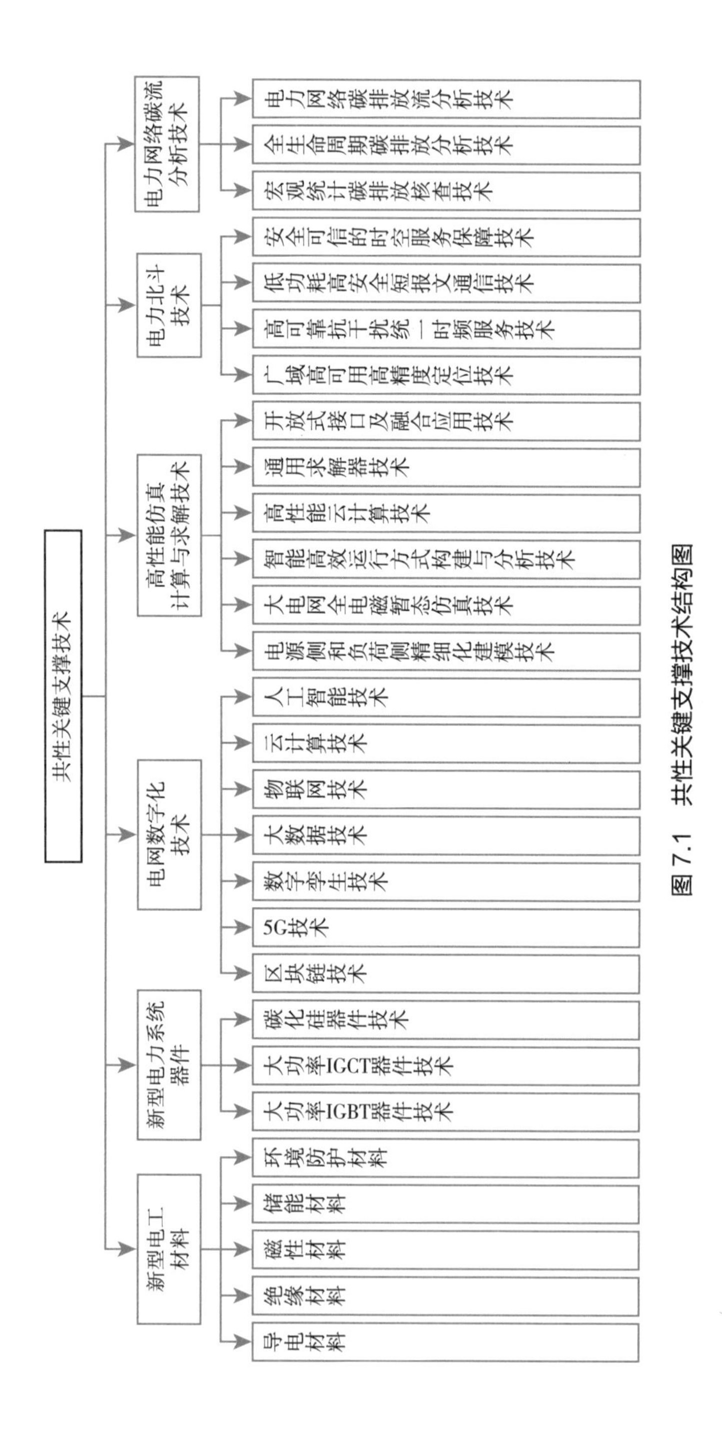

图 7.1 共性关键支撑技术结构图

标的实现。

新型电工材料作为我国重要的战略性新兴产业之一，对电网的发展起着重要的基础支撑及先导作用，将向着高性能、高可靠、低损耗、高一致性等方向发展。随着中美贸易争端加剧，高端电工材料领域仍然面临产业链断裂、国际技术封锁风险，“卡脖子”技术问题成为制约技术和产业发展的重要短板，亟须加强基础研究和原始创新，提升新型电工材料设计及制备水平，突破高端绝缘材料、新型导电材料、高频软磁材料、环境防护材料等基础核心技术，加快定制化开发及规模化应用进程。

电工绝缘材料向高击穿强度、高导热、高储能密度等方向发展，需提升高等级电工绝缘材料关键性能指标，实现国产化替代；在高压电缆材料、电工环氧材料、电容器薄膜材料等绝缘材料规模化制备技术方面，构建高等级电工绝缘材料试验评价及标准体系，实现国产高等级电工绝缘材料工程推广应用。导电材料向高导电率、高强度、低损耗方向发展，磁性材料向高磁感、低损耗、高可靠性方向发展，高频磁性元件向大容量、高转化效率、高可靠性方向发展，环境防护材料向设备服役状态信息化、综合性评价智能化、防护性能高效化、安全分级标准化方向发展，需进一步提升电网大气、土壤腐蚀与防护信息化水平，提高输变电设备本体噪声控制效能，拓展人工序构材料工程化应用，健全防火分隔材料分级设防体系。储能材料向构建低成本、高安全性、长循环寿命、环境友好的电化学储能体系方向发展，需进一步提升水系电池、固态电池等新型电池体系的电化学性能和安全性能，提高生产工艺水平，降低生产成本，推动其在电网储能安全可靠运行。

总的来说，电工材料的特性直接决定了电气装备的性能和水平，未来需面向高端装备国产化和自主创新亟待突破的新型电工材料，系统分析它们在应用基础理论、制备工艺、工程应用等方面的关键技术难点，厘清相关技术的发展趋势和科学问题，明确我国与发达国家的核心技术差距，提出我国新型电工材料的发展战略和实施路径，为有效提升电工行业的整体水平、促进相关产业链的良性发展、实现电工装备领域的重大原始创新和技术突破提供参考。

7.1.2　发展现状

新型电工材料是高端电力设备和电力装置研制的基础，需要研究高温、高频以及交直流场下新型绝缘材料国产化开发及应用技术，电、热、氢等能源转化与存储材料技术，新型导电材料及应用技术，功能化防护材料及应用技术，典型材料全寿命评估技术，气/固/液体及其组合绝缘材料特性表征技术，国产电缆料和电缆制备工艺稳定性及适用性技术，替代 SF_6 环境友好型绝缘气体技术等。通过各种新型电工材料的自主化开发，解决电网未来发展高端装备核心材料的“卡脖子”问题。

7.1.2.1 导电材料

在新型节能输电导体材料研制及应用技术方面，高导高强铝合金节能导线（图 7.2）、高导低蠕变铝合金电缆、新型铜铝复合导体等新型导体材料载流特性、强导机制及特征微观组织结构控制技术至关重要，需要探索新型节能输电导体材料原子交互作用机制及构效关系。在高性能电工铝合金、铜铝复合导体、超导铜等工业化制备及性能调控技术方面，掌握面向服役工况的新型节能输电导体材料多场景应用技术。在高压开关用新型高性能电触头材料研制及应用技术方面，石墨烯等新型增强相改性铜钨合金、铜铬合金等电触头材料复合相设计与组织均匀性调控技术也至关重要，需要构建新型高压电接触材料成分 – 工艺 – 相结构 – 性能调控理论模型，掌握新型高压电触头材料复杂工况条件下服役行为及其失效机理。

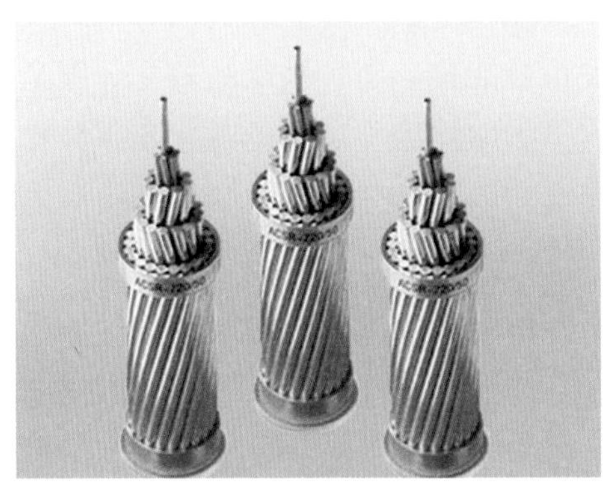

（a）高强铝合金节能导线

（b）高性能电触头

图 7.2　导电材料

7.1.2.2 绝缘材料

在高等级电工绝缘材料开发及应用技术方面，挖掘高电压、高温等多物理场耦合服役条件对绝缘材料聚集态结构、电荷输运特性、陷阱能级分布等基础特性的影响规律，掌握多物理场下绝缘材料微观损伤破坏机理、演变规律及失效机制至关重要。挖掘绝缘材料组成及微观结构对电、热、力等性能的影响规律，掌握从分子层面设计高性能绝缘材料组分及微观结构的方法，开发高性能绝缘材料规模化制备技术；开发高击穿强度、高储能密度、高导热、高耐热、绿色低碳等新型绝缘材料及成型工艺技术，开发高压热塑性电缆（图 7.3）、大长度 500 千伏直流海缆、640 千伏及以上直流电缆绝缘材料，大功率电力电子装备、超、特高压

GIS开关设备绝缘件、干式电抗器等绝缘装备用环氧材料及高储能密度电介质薄膜材料。

图7.3 高压热塑性电缆

7.1.2.3 磁性材料

在高效低损新型磁性材料研制技术方面，超薄硅钢［图7.4（a）］、纳米晶带材［图7.4（b）］、铁氧体、软磁复合材料等高效低损磁性材料组分设计、组织与性能关联关系及磁性能调控技术研究难度很大，新的电磁超材料、左手材料、双相复合磁性材料等新型磁性材料研制技术需要攻克，掌握超薄硅钢、纳米晶带材、铁氧体、软磁复合材料工业化生产工艺，构建高效低损新型磁性材料制备全流程碳排放管理体系。在大容量磁性元件及样机研制技术方面，基于复杂工况的大容量磁性元件磁损耗数学模型、大容量磁性元件结构设计及仿真分析技术，掌握铁心、导磁体等大容量磁性元件制造技术，研制大容量高频变压器、大功率无线充电装置等样机。在磁性材料及元件可靠性评价技术方面，利用电、磁、热、应力多物理场复杂工况下磁性材料及元件可靠性评价技术，掌握直流强电磁应力作用下的固、液、气等绝缘介质演化机理及其失效特性，构建新型磁性材料及磁性元件标准体系，实现新型磁场材料在电工装备中的高效可靠应用。

（a）超薄硅钢

（b）纳米晶带材

图7.4 磁性材料

7.1.2.4 储能材料

储能材料是利用物质发生物理或者化学变化来储存能量的功能性材料，它所储存的能量可以是电能、机械能、化学能和热能，也可以是其他形式的能量。储能材料离不开储能技术，能源的形式多种多样，储电、储热、储氢、太阳能电池等所用到的材料广义上都属于储能材料。在新型电化学储能材料体系及器件方面，攻克水系电池、固态电池电极材料设计、电芯制备技术及器件组装技术，构建高安全、低成本、长寿命、环境友好的储能电池材料体系及器件；构建储能消防预警用传感、热管理及灭火剂等关键材料体系；开发电催化剂、离子交换膜、膜电极、储氢材料等氢能关键材料，实现高效低成本氢能关键材料及应用技术的落地；研究蓄热（冷）储能关键材料及应用技术，构建高效低成本储热（冷）系统，建立完善的蓄热（冷）材料及模块标准体系；开展材料的高通量计算与实验及材料大数据应用技术研究，构建材料基因工程研发平台，实现储能材料靶向设计开发，提升研发效率。储能材料产业链如图 7.5 所示。

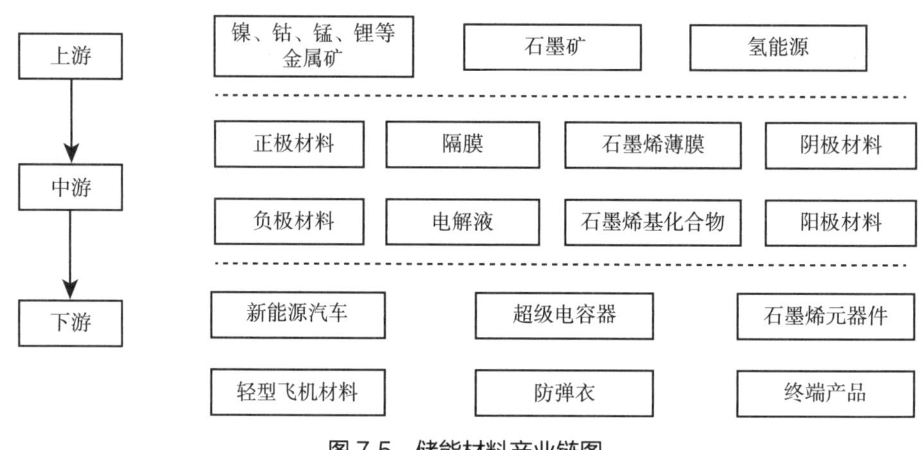

图 7.5 储能材料产业链图

7.1.2.5 环境防护材料

在电网腐蚀与防护信息化及应用技术方面，以下几种技术需要关注：腐蚀地图系统和腐蚀防护信息化平台构建技术，电网设备差异化防腐选材设计和应用技术，基于腐蚀地图信息电网设备关键部件服役行为智能化高效检测、评价与工程应用技术，设备及部件腐蚀监测技术，电网腐蚀大数据分析处理及知识库技术，海上平台电气装备腐蚀控制与设计选材关键技术，新型耐蚀复合镀层、环保型水性带锈防腐涂料等高效耐蚀耐候材料研发及应用技术。在电工装备本体噪声防护技术方面，研究低频吸隔声材料的线谱噪声控制技术、阻尼材料的耐油及服役温阈与阻尼峰匹配技术、模态调控及降噪材料应用优化技术、声学超材料的人工序构设计及制备技术、装备声振信号的智能监测及控制治理技术。研究电工热防护技术，电力（烃类）火灾被动防火关键技术，电力系统热防护关键材料的开发以及批量化生产工艺技术，多电压等级下的分级防护设计和裕度防控技术，热、能耦合下的微应力计算与延控技术。在安全防护材料技术方面，研究带电作业、高空作业等高危场景下人身伤害机理及安全防护技术，防护材料在高压电场、电弧、火灾和极端气候条件下的服役可靠性评价技术，全防护装备用关键材料开发及工业化制造技术。

7.1.3　发展趋势

“十四五”时期及中长期应持续布局一批战略性先进电工材料研发平台和人才集群，在高端绝缘基础树脂研发平台、绿色环保 SF_6 替代气体研发平台、储能用战略性基础聚合物电介质薄膜和隔膜树脂材料研发平台、高强高导热高耐热合金导体材料研发平台、高电压大电流触头材料研发平台以及电工磁性材料测试及模拟研发平台方面开展研发工作。布局一批面向未来电网、能源互联网、物联网等发展需要的新型传感智能材料以及绿色环保绝缘材料等方面的研究。研制 55.5% 国际退火铜标准（IACS）高强铝合金导线、61.5%IACS 高导耐热铝合金导线、61%IACS 高性能铝基复合输电导体、66~110 千伏铝合金电缆等新型节能输电线缆材料。研究环保型气体综合性能（绝缘、灭弧、分解、生物安全、材料相容）机理、电弧等离子体作用下不同气氛触头材料多组分金属蒸汽交互作用问题、石墨烯复合触头材料中电子迁移和热扩散、短流程环保型触头材料制备新技术中能量和物质时空迁移规律等、电工磁性材料（非）晶态结构（织构）的成像原理与精确控制研究、快速凝固技术对非晶态电工材料原子排序、磁学性能和物理性能的影响、绝缘包覆介质与磁性颗粒潜在的“易磁量子效应”对材料磁性能的增强作用、服役条件下材料微观结构动态演变规律及宏观特性，应实现战略性基础绝缘树脂材料的批量制备技术，实现气体绝缘输配电装备环保升级，加快推动电力工业绿色低碳发展。研制成功高压 / 特高压环保型气体设备并掌握环保型气体设备运维技术。实现高温储能聚合物介质薄膜批量制备技术。实现高能量密度、低成本、长寿命、安全动力电池的关键材料升级换代，能量密度实现 400~500 瓦 · 时 / 千克，使新能源汽车动力电池续航里程超越燃油汽车，电池广泛用于电网级储能。研制成功 56%IACS 高强铝合金导线、62%IACS 高导耐热铝合金导线、105%IACS 高导铜电缆导体、220~500 千伏铝合金电缆等新一代节能输电线缆材料及产品。总体实现战略性电气设备基础关键材料国产化，在新型电气设备材料、绿色环保材料、智能材料等方面的研究处于国际领先地位，部分领域引领国际发展方向。

7.2 新型电力系统器件

7.2.1 总体概述

随着新型电力系统的建设发展，输变电设备的智能化将逐步成为未来电网建设中必不可少的环节。通过电力一次二次设备的融合，实现测量数字化、状态可视化、信息互动化、控制网络化和功能一体化，进一步提高设备的可靠性和利用率，实现智能运维，保障电能质量，提高电力系统运行经济性。我国已在特高压技术、高级调度中心、数字化变电站等方面进行了尝试并取得积极进展，但目前我国电力装备智能化技术还跟不上发展的需要，输变电设备的智能化程度仍然较低，电力装备智能化研究有待进一步深入。

智能电力装备中“智”的含义体现为可通信和网络化，重要前提是获取大量的数据信息，实现对实时状态信息的共享和整合。智能电力装备在国内的发展已有 30 年左右的历史，经历了从开始时的引进、仿制、消化吸收到自主创新设计等阶段，有很多产品在关键技术指标上达到甚至已经超过国外的西门子、施耐德、ABB、三菱等大公司的同类产品。近年来，国内厂商开始转向智能化成套系统的设计研发，基于已有的智能化产品相继推出系统解决方案，具有一定的高寿命、智能化、网络化、环保、对特殊环境的适应性、过电压保护等特点，在结构上，也体现出模块化、小型化和安装多样化，未来具有很好的推广应用前景。

随着新能源快速发展及电能在能源终端消费比例的提升，电力装置呈现电力电子化发展趋势。在发电环节，应用于风电变流器、光伏逆变器等发电装置及其配套储能变流器中，实现新能源向电能高效转换及存储。在输电环节，应用于柔性直流换流阀、直流断路器等柔性直流输电装置中，实现电能灵活、可靠传输。在配电环节，应用于静态同步补偿器、统一潮流控制器等调节补偿装置，以及电力电子变压器、固态断路器等新一代柔性变电站装置中，满足配电网多元化、智能化需求。在终端用电环节，应用于轨道交通、工业变频、电动汽车、家用电器等场景的电能转换。

国内外团队已开展大量基础研究。在绝缘栅双极型晶体管（Insulated Gate Bipolar Transistor，IGBT）器件技术方面，国产器件的基本电气参数已达到国际领先公司产品水平，但在电流密度、可靠性、坚固性等方面还存在较大差距。新型的逆导型 IGBT 器件尚未研制成功。结温实时监测等技术研究不足，限制了 IGBT 器件容量的充分应用。在集成门极换流晶闸管（Integrated Gate-Commutated Thyristor，IGCT）器件领域，瑞士 ABB、日本日立公司处于领先地位，已在大容量工业变频领域得到广泛应用。国内清华大学与株洲中车时代电气、西安派瑞合作研制出 IGCT 器件样品，正在开展性能测试和示范应用。在碳化硅电力电子器件领域，美国科锐、德国英飞凌、日本罗姆等具有领先地位。国内机构多为科研机构以及部分具有一定生产能力的研究所，如中国电子科技集团公司第五十五研究所、全球能源互联网研究院有限公司突破了超高压碳化硅开关器件，为电力电子器件的更新换代打下了坚实的基础。

总体来说，我国电力电子器件已经实现了部分国产化替换的突破，但器件的长期可靠性、新结构和工艺开发水平等与先进国家的差距依然较大。

7.2.2　发展现状

7.2.2.1　大功率 IGBT 器件技术

超高功率容量、高可靠性 IGBT 是新型输电装备的核心器件，支撑超高压、远距离及海上风电柔性直流输电工程建设。未来，大功率 IGBT 器件（图 7.6）的参数将继续向着更高电压和更大电流方向发展。特别是由于更大容量的电力传输需要单个压接型 IGBT 器件更大的电流，因此目前国内外都在瞄准通流能力方面进行提升。以下这些技术值得关注：高电气应力下极限工况下 IGBT 芯片及器件内部电压、电流瞬时耐受能力提升技术；多层级三维多物理场模型研究以及微细沟槽栅 IGBT 芯片设计与工艺技术；高电流密度 IGBT 芯片设计及参数一致性工艺技术及关键工艺制备与参数容差控制技术研究；双模 IGBT 芯片设计与工艺技术研究；IGBT、快恢复二极管（Fast Recovery Diode，FRD）芯片在压力条件下电气

图 7.6　基于大功率 IGBT 器件的直流换流站

特性变化规律与电流分布不均匀性容差范围研究；IGBT 高热导率铜烧结工艺及器件安全工作区扩展技术：IGBT 芯片表面金属工艺、铜烧结工艺曲线与压力均衡控制技术研究；铜烧结芯片及器件对电、机、热应力耐受性提升技术研究；电力系统用 IGBT 器件的性能退化机理、突破等效加速评估方法和 IGBT 结温实时监测技术。

7.2.2.2 大功率 IGCT 器件技术

IGCT 是继 IGBT 后诞生的一种新型高压大功率半导体器件（图 7.7），IGCT 具有耐受电压高、通流容量大、可靠性高等突出优势，且制造成本低，国内工艺基础好，是能源领域用半导体器件朝更高电压等级、更大功率发展的新方向。IGCT 作为一种新型电力电子器件，在工业变频调速、风电并网、轨道交通等领域得到了广泛应用。近年来，在新能源输送和大规模储能的驱动下，直流电网在世界各国快速发展。高压大容量功率半导体器件作为直流主干网络关键装备的核心元件，成为学术研究和产业应用的热点，这也给 IGCT 在直流电网领域的应用带来了新的契机和广阔前景。

未来，大功率 IGCT 器件技术将着重研究高电压大功率 IGCT 芯片及器件的高精度建模与快速求解方法、芯片设计与性能调控方法、IGCT 芯片的稳定制备工艺与大尺寸质子辐照技术；IGCT 压接管壳的低热阻纳米焊接与高压绝缘密闭封装技术；低杂散参数 IGCT 器件驱动设计与一体化集成技术，揭示 IGCT 器件关断的载流子运动和电流分布精细物理过程及大电流关断失效机理；智能化、高可靠、强关断的 IGCT 电流型驱动技术；4500~6500 伏 /5000~8000 安系列化高压大功率 IGCT 器件的研制与测试技术。

图 7.7 自主研制的全国产化 IGCT-MMC 模块

7.2.2.3 碳化硅器件技术

相比于硅基器件，碳化硅电力电子器件（图 7.8）具有高压、高温、高频的优势，可以简化装置的结构，提升装置的功率密度，提升电力电子装置的能量转换效率。碳化硅电力电子器件可广泛应用于电动汽车及其充电桩、光伏逆变器、风电变流器、柔性交直流输变电等领域，是构建新能源为主体的新型电力系统的核心器件，是未来万伏级以上超大功率器件的最优选择。未来，碳化硅器件的发展将着重在高压衬底及外延材料、芯片结构设计与关键工艺、高温高压封装等技术瓶颈方面加强攻关，从而实现更高电压（万伏以上）、更大电流（千安以上）、更高结温（200℃以上），真正实现支撑电网装备的技术升级与变革。

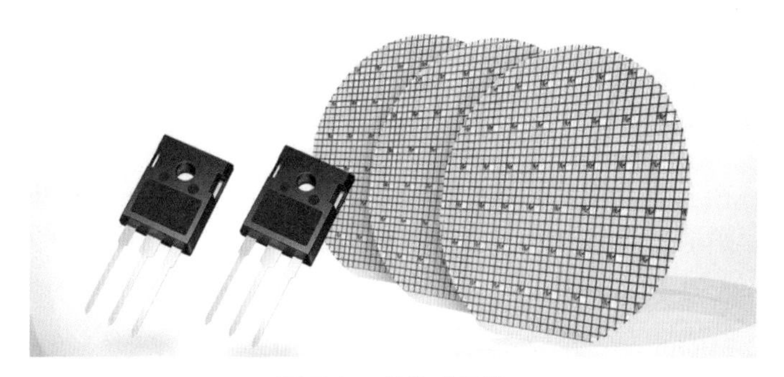

图 7.8 碳化硅器件

具体研究方向包括碳化硅衬底材料制备、高质量大尺寸低缺陷的厚外延生长技术；研究高压 MOSFET、二极管、IGBT 芯片物理模型修正及参数提取技术；研究沟槽栅及超级结的局部三维立体仿真技术；研究沟槽栅芯片结构、超级结电荷平衡结构设计技术；开发高浓度材料掺杂及表面缺陷控制、薄片流片、新型低温低应力欧姆接触等工艺；研究压接型器件电磁兼容设计方法；研究高温高压高绝缘封装的材料选型及工艺；研究高精度高速动态测试技术；研究高压驱动及集成技术；研究碳化硅器件失效机理与失效分析技术；研究万伏级碳化硅器件的加速评估方法。

7.2.3 发展趋势

未来，我国将充分发挥电力行业协会和产业联盟的作用，通过政策引导推进电力装备智能化进程，组建电力智能化共性技术创新平台，加强核心智能零部件、先进智能化技术、关键基础材料、工艺的研发应用。预计到 2025 年，电力装备智能化技术水平总体达到国际先进，具备持续创新能力，形成完整的智能化装备认证体系，基本实现自主化。电力装备智能化的全面推广和应用，将为新型电力系统下电网的发展奠定坚实的基础。

目前，我国在硅基功率半导体器件方面，无论是技术水平还是产业化开发程度，都在逐步缩小与国际水平的差距。但国产化器件的市场推广仍存在不足，还需要政策的引导与支持，加快实施国产化替代的步伐，促进整个产业链条良性循环。在第三代半导体方面，例如氮化镓（GaN）和碳化硅（SiC）、氧化锌（ZnO）、金刚石，国内各个层面都在加大投入与扶持力度，但在关键材料、芯片设计、封装工艺等方面与国际水平仍有较大差距，需要政府持续的投入和更精准的措施，助推第三代半导体基础研究和产业技术的协同发展。

7.3 电网数字化技术

7.3.1 总体概述

电网数字化是实现“双碳”目标的重要基础支撑技术，主要通过全景状态感知能力，为海量感知数据的采集接入提供底层支撑，是信息的智能传感、分析计算、可靠通信与精准控制的基本物理实现。在高效通信传输能力方面，为未来能源互联网所产生的大量交互数字信息提供可靠安全的通信保障；在海量数据计算能力方面，为海量数据的处理、存储、分析及交互提供了高速平台服务与可靠技术支撑；在复杂系统分析决策能力方面，为能源物理系统提供全面映射、协同建模、智能优化、在线演进推算等多重功能支撑，有效推进了新型电力系统的网源协调发展与调度优化水平，促进新能源并网消纳，提升能效与终端电气化水平，保障了电力设备与电力网络安全，支撑了电力 / 碳市场高效安全交易，最终支撑电网向能源互联网升级与能源电力低碳转型，其中部分典型应用场景与技术总结见表 7.1。

表 7.1 数字化技术赋能示例与典型应用场景

赋能方向	应用场景	传统技术不足	数字化技术赋能效果
感知能力	新能源场站监测	温度、湿度、压强等分立式传感器，测点繁多且传感装置过多	应用多参量场站设备、气象环境监测感知等技术，有效提升新能源场站本体设备及环境监测的智能化水平
	需求响应	电参量、环境等分立式传感器，无法实现用户需求主动管理	应用用户需求响应终端为精细化综合能源服务与自动响应提供数据基础
传输能力	电力设备巡检与监测	4G 网络速率低、覆盖范围小；边端上传数据冗余	应用 5G、边缘计算等技术，开展机器人 / 无人机巡检与高清视频监测等业务
	调度综合信息网	四级网络各自成网，网络互相隔离、网络众多、网管众多，业务跨域调度困难	应用骨干光传输技术支撑调度信息，实时安全传输
	输电线路通道环境卫星遥感巡视和环境感知	对于无网络覆盖的地区信息无法采集，单一通信技术数据采集灵活性低	应用空天地一体化通信网络与时频同步技术，支撑输电线路通道环境卫星遥感巡视、线路通道环境隐患巡视可视化和卫星遥感（气象）电网环境感知等业务
	电力设备物联网	输变电场景中传感器部署灵活，采用有线方式进行数据采集，组网形式不灵活	应用本地通信技术支撑输变电场景各类感知数据实时上传、灵活采集

续表

赋能方向	应用场景	传统技术不足	数字化技术赋能效果
计算能力	电力海量数据存储、查询、分析	关系型数据库模型，存储、查询效率低，响应慢，三跳邻居查询时间在分钟级别	应用图数据库模型、内存计算、分布式并行计算、分解聚合等技术，大幅提升存储和查询效率，其响应时间为毫秒级
决策能力	网源协调与调度优化	物理建模仿真与人工调度经验，策略生成周期长，严重依赖人工经验，难以适应新型电力系统	应用深度强化学习、人机混合增强智能等技术，构建调度智能辅助决策系统
	新能源消纳全过程仿真	气象预测与物理建模仿真，仅适用于一定比例范围内的新能源电力系统	应用机器学习、群体智能、混合增强智能等技术，促进大规模新能源消纳
	综合能源数字仿真系统	主要采用物理建模仿真，边界条件、器件基础模型设置影响较大	应用数字孪生系统、群体智能等技术，构建广域能源互联网系统
	高效市场交易	运筹学、博弈论与人工经验，难以实现高频高效交易	应用深度强化学习、运筹学、博弈论等技术与理论，实现电力 / 碳交易市场高频安全交易

7.3.1.1　全景状态感知能力

电网数字化为能源互联网建设提供全景信息支撑，因此，集约高效、自主可控的电网数字化感知基础设施则需要进一步建设，以支撑当前“双碳”目标下新能源发电、多元化储能、新型负荷大规模友好接入的状态感知，支撑新型电力系统运维、能源综合利用与服务技术，实现能源电力感知技术革新。

7.3.1.2　高效通信传输能力

电网数字化为能源互联网实现业务可视化、实时化、精益化的管理，实现用户与电网信息的双向互动提供保障。因此，需要以能源灵活、协调、安全的输送与配置为目标，进一步构建远距离、大容量的能源传输系统，通过电力数字技术创新提升电网安全运行能力。

7.3.1.3　海量数据计算能力

通过基于自主专用图数据库的一体化图计算平台实现海量数据的关联分析，提供海量电网设备的拓扑分析、设备关联分析、电网知识工程、电网数据检索及应用，支撑电网数据融合和跨环节业务应用。

7.3.1.4　复杂系统分析决策能力

利用人工智能、数字孪生等电力数字化技术在发现知识、理解复杂问题、高效优化决策等方面的能力，重点支撑新型电力系统的平衡调节与优化控制、高频电力市场与碳交易市场交易需求，有效升级赋能多能源耦合互济、源网荷储交互统筹、交易市场复杂博弈等方面的决策能力，推进“双碳”目标实现。

7.3.2 发展现状

7.3.2.1 大数据技术

大数据技术是对大批量、多维度数据进行快速计算和实时处理的信息技术，包括数据采集与数据清洗、数据存储与分类、分布式并行处理、多级缓存与数据同步、计算机软硬件结合与网络等技术，用于在一定时间范围内处理海量、高增长率和多样化的数据，以获得更强的决策力、流程的执行能力和业务的洞察力。

随着云计算、物联网等新技术与电力行业应用的融合，促进了电力行业的数据快速增长。产生于电力系统的运行过程，包括生产、管理等丰富数据为大数据应用发展提供优渥的条件。电力大数据技术在电力系统生产监测、电力企业运营、电力企业管理等方面的成功应用显示其具有强大发展潜能。电力行业十分重视对电力大数据的采集与应用，多家企业基本完成大数据平台建设。部分企业以大数据技术为基础，建立集团数字化作战室，通过大量多维度、多层次、智能化的分析模型，实现企业运营的全要素聚合展现和全流程动态透视，为企业的智能运行决策奠定基础，有效推动集团的数字化和智能化转型。

随着新型数字价值不断得到释放，数据已从重要资源转变为市场化配置的关键生产要素。“十四五”期间，以大数据为代表的新一代信息技术主导权竞争将日益激烈，企业在大量创造数据应用新场景和新服务的同时，更加注重基础平台、数据储存、数据分析等技术的自主研发，并有望在混合计算、基于AI的边缘计算、大规模数据处理等领域实现突破，在数据库、大数据平台等领域逐步推进自主能力建设，并进一步夯实数字基础。从聚焦大数据应用转变为发展大数据开源项目和技术间交叉融合，明确数据资源管理、数据技术产品协同攻关、数据融合应用。大数据将不再作为纯粹独立的技术，与机器学习、区块链、人工智能等技术交叉融合是必然趋势，通过紧密相关的信息技术提高其自身价值。在电力行业，构建行业的大数据体系首先要规划大数据获取、存储、共享机制，其次推进大数据运营平台和能源大数据中心建设。企业应以建设业务数据平台为抓手，汇聚应用系统全量数据，基于全数据实现数字赋能，实现企业智能作业与智能管理。

7.3.2.2 物联网技术

物联网是指通过信息传感设备，按约定的协议，将任何物体与网络相连接，物体通过信息传播媒介进行信息交换和通信，以实现智能化识别、定位、跟踪、监管、控制等功能。物联网架构按层级划分为感知层、网络层和应用层。

物联网是建设智能电网、智慧电力的物理基础。物联网通过传感网络与传感终端，将电力物理运行控制系统的数据和设备的状态数据实时准确地采集并汇聚到物联网数据中台存储，同时传输给控制系统，从而实现实时控制和优化调度。更广泛的物联网系统可以实时感知物料、人员和场地工况，为精确感知和优化作业提供信息支撑。

物联网主要包括四大支撑技术：①射频识别技术，将继续向降低芯片功耗，增加作用距离，提高读写速度和可靠性的方向发展；②无线传感网络技术，将重点发展建设无线传感网络仿真平台，研发成本低、功耗低、效率高的新型传感器节点，研究节点定位算法及其评价模型，实现逻辑不相邻的跨协议层设计和实现多点网络融合；③传感器技术，正在向 MEMS 工艺技术，无线数据传输网络技术，新材料、纳米、薄膜（含绝缘体上硅）、陶瓷技术，光纤技术以及激光技术和复合传感器技术等多学科交叉的融合技术方向发展；④机器到机器技术，将机器间通信、机器控制通信、人机交互通信及移动互联通信等不同类型通信技术有机结合，以配合高速变化的物联网数据。在电力行业，物联网相关技术已经“渗入”智能电网的各个环节，被用于数据采集、状态监测、回馈控制等，电力物联网可以动态感知电力设备运行状态、用户的用电特征，为电力系统的智能控制和企业智能管理提供支撑。此外，在智能电网的负荷侧，通过将智能家电终端接入网络，能够实现对智能家电的远程控制、状态监控、设备联动以及用户感知等，应进一步推动智能家电网络与智能电网和电力物联网的融合，一方面让家电具备感知实时负荷的能力，另一方面为电力系统提供准确的能耗数据支撑，为电力系统提供决策支持。利用电力物联网实现电力产业链上下游的协同，促进产业链的协同研发、协同采购和协同制造。

7.3.2.3 云计算技术

云计算技术是一种基于虚拟化技术，将网络中独立分布的物理计算机资源统一管理起来，形成可分配计算资源、存储资源和通信资源，并以虚拟资源的形式进行资源的调度、分配和使用，从而实现物理资源的充分、高效利用，满足不同资源需求的实时响应。

随着电力企业信息化建设步伐的加快以及电网“智能化”趋势的不断延伸，电力系统规模急剧扩大，结构日趋复杂，电力数据资源成倍增长，快速向着异构、多源、海量发展。电力云是电网内在和本质的需要，云计算是未来电力系统的核心计算平台。云计算主要运用于电力系统的智能电网、数字化变电站、状态监测、配网自动化、调度运行、网损分析、综合数据平台等方面。

相较于网络计算技术，云计算技术是一项高层次的技术模式，云计算技术将助力未来产业化的发展。随着云计算逐渐进入到产业领域，云计算全栈化的需求将越发明显，全栈化云平台不仅能够降低企业云计算应用的门槛，同时也能提升云计算平台自身的服务能力，这对提升云计算的应用价值有现实意义。全栈化云平台将为用户提供丰富的选择，同时提升云计算本身的可用性和扩展性。针对云计算平台，全栈化云平台将不限于采用“低成本”吸引用户，而是通过服务吸引用户。随着大数据和人工智能技术的发展，云计算智能化是主要的发展趋势之一，云计算与人工智能平台的结合将全面拓展人工智能技术的应用边界，可促进人工智能技术的落地应用。云计算与物联网将成为人工智能技术非常重要的应用场景。早期的云计算被简单地划分为公有云和私有云，而行业云将成为未来云计算延伸出的全新的模式，在公有云平台或私有云平台上均可构建行业云，通过行业云能够整合大量的行业资源，为企业的发展赋能。此外，云计算同样需要与大数据交互、人工智能等技术相结合，识别新模式，发现新规律。利用云计算技术构建高可靠性及高可用性的分布式存储与计算平台，可以助力电力大数据价值释放。

7.3.2.4 人工智能技术

人工智能是研究、开发用于模拟、延伸和扩展人的智能的理论、方法、技术及应用系统的一门新的技术科学。该领域的研究包括机器人、语言识别、图像识别、自然语言处理和专家系统等。

人工智能技术的成熟发展及商业化应用为电力行业提供全新的智能化解决方案，一方面可保障电力系统的稳定性、高效运行；另一方面为电力业务的多元化发展改进提供有效支撑，提高电力系统精益化、安全化运行水平，帮助企业降本增效。智能电网作为能源与电力行业发展的必然趋势，其核心是实现电网的智能化，因而人工智能是实现电网智能化的关键技术，借助人工智能技术可以实现智能电网的自适应控制和状态自感知，提高电网运行的安全性、经济性、可持续性。在电力设备智能制造领域，人工智能技术也得到了广泛应用，在变压器、铁塔、线缆等电力设备的生产过程中利用人工智能技术，对生产人员行为、生产设备状态、生产质量等进行监测，可以充分提高电力设备生产过程的智能化水平。

未来，人工智能技术的发展将围绕算法理论、数据集基础、计算平台与芯片、人机协同机制等方面进行研究。在数据集方面，构建语音、图像、视频等通用数据集以及各行业的专业数据集，使得各类数据集能够快速满足相关需求；在计算平台与芯片方面，大型企业仍将选择自行研究计算框架、自行建设计算平台或自行研制芯片；在人机协同机制方面，“人在回路”将成为智能系统设计的必备能力。在人工智能深度学习应用逐步深入的同时，一方面，继续深度学习算法的深化和改善研究，如深度强化学习、对抗式生成网络、深度森林、图网络、迁移学习等，以进一步提高深度学习的效率和准确率。另一方面，传统机器学习算法依然具有研究价值，如贝叶斯网络、知识图谱等。电力行业需积极开展人工智能技术在电力运行系统、电力控制系统等方面的应用研究，如开展适合电力行业场景应用的人工智能芯片，提升电力图像视频智能分析及理解技术泛化能力和实用化水平；构建状态评估与故障反演分析平台，实现电力设备缺陷故障和隐患智能检测、诊断与预测；打造电力领域知识图谱技术体系与开放公共服务框架，实现知识的高效融合与管理；实现电力算法模型训练和持续优化，提升电力系统运行效率，保障电力系统运行安全，实现电力系统的智能化转型。

7.3.2.5　数字孪生技术

数字孪生被定义为以数字化方式创建物理实体的虚拟实体，借助历史数据、实时数据以及算法模型等，模拟、验证、预测、控制物理实体全生命周期过程的技术手段。数字孪生有助于优化业务绩效，能够对真实世界实现基于跨一系列维度的、大规模的、实时的测量。

电网企业应用数字孪生技术集成发电网数据采集与监视控制系统、继电保护控制系统、监测设备健康状态的物联网系统、输电线路物联网系统，结合电力调度、能量模型及运行模型等，构建电网三维数字孪生系统，实现电网的优化调度和智能控制。发电企业，应用数字孪生技术可以实现发电机组的智能控制。数字孪生系统集成发电机组分散式控制系统、可编程逻辑控制器和辅机控制系统，以及检测设备健康状态的物联网系统，结合机组设备模型、控制模型及运行模型等，构建电厂三维数字孪生系统，实现电厂的优化运行和智能控制。

随着数字孪生技术的飞速发展，模拟和建模能力逐步增强，互操作性得到优化，通过整合整个生态圈的系统和数据将进一步发挥数字孪生技术的潜力。数字孪生技术体系涵盖感知控制、数据集成、模型构建、模型互操作、业务集成、人机交互六大核心技术。感知控制技术，具备数据采集和反馈控制两大功能，是连接物理世界的入口和反馈物理世界的出口。数据集成实现异构设备和系统的互联互通，使得物理世界和承载数字孪生的虚拟空间无缝衔接。模型构建负责实现对物理实体形状和规律的映射。几何模型、机理模型、数据模型的构建分别实现对物理实体形状、已知（或经验）的物理规律以及未知的物理规律的模拟。模型互操作承担着将几何、机理、数据三大模型融合的任务，实现从构建“静态映射的物理实体”到构建“动态协同的物理实体”的转变。业务集成是数字孪生价值创新的纽带，能够打通产品全生命周期、生产全过程、商业全流程的价值链条。人机交互将人的因素融入数字孪生系统，工作者可以通过友好的人机操作方式将控制指令反馈给物理世界，实现数字孪生全闭环优化。实现数字电力必然需要研究数字孪生技术，构建贯穿智慧电力系统全生命周期过程的生态体系，通过服务和模式创新，提高智慧电力生态系统的运营效率、安全性和防护性，实现智慧电力系统规划、运行和控制方面的提质增效。

7.3.2.6 区块链技术

区块链技术是分布式数据存储、点对点传输、共识机制、加密算法等计算机技术的新型应用模式。具有去中心或弱中心化、不可篡改、全程留痕、可追溯、集体维护、公开透明等特点，基于区块链能够解决信息不对称问题，实现多个主体之间的协作信任与一致行动。

随着能源互联网发展，海量分布式电源、市场化交易等新型能源业务涉及更多能源形式、更广泛参与主体和更多元互动模式，这些维度的升级对电力系统内共识和信任建立、价值的转移提出很大挑战。因此，区块链的优势特性将在能源电力领域发挥巨大的应用价值，赋能电力场景应用创新。区块链技术将极大改变能源系统生产和交易模式，能源交易主体可以点对点实现能源产品生产和交易、能源基础设施共享；能源区块链还可实现数字化精准管理，未来将延伸到分布式交易微电网、能源金融、碳证交易和绿证核发、电动汽车等能源互联场景，区块链的去中心化、智能合约等特征正在被应用到能源价值链的多个环节，成为能源行业数字化转型的重要驱动力之一。

在构建国内国际双循环新发展格局的大环境下，区块链将在加速促进数据共享、优化业务流程、降低运营成本、提升协同效率、建设可信体系等方面发挥重要作用。同时，深化应用也将驱动技术发展革新，区块链与云计算的结合将越发紧密，区块链即服务或将成为公共信任基础设施，有效降低企业应用区块链的部署成本，降低应用门槛；从安全角度看，虽然区块链规则及算法原理上具备优秀的安全性，但从技术和管理上加强基础设施、系统设计、操作管理、隐私保护和技术更新迭代等方面仍需不断完善。区块链硬件化、芯片化可以实现更高的安全强度和合约处理性能，从自定义的安全算法协议到自主设计实现的硬件芯片，硬件化、芯片化必然是区块链领域下一个核心技术热点和方向；众多的区块链系统间的跨链协作与互通是一个必然趋势。目前，跨链技术解决方案可采用公证人机制、侧链 / 中继、哈希锁定等技术，具备各自特性，在实际应用中如何实现跨链技术和多链融合，是区块链实现价值互联网的关键。“十四五”期间，电力企业应积极研究链上链下数据治理技术，提升区块链系统安全水平，推动区块链预言机技术与电力设备、传感器融合技术的应用，实现源端数据可信上链；促进行业各企业区块链系统间跨链融合，制定跨链标准，实现数据与信息的跨链流转，形成更大规模的业务价值网络。

7.3.2.7 5G 技术

5G 作为最新一代蜂窝移动通信技术，是未来无线技术的发展方向，5G 的性能目标是高数据速率、减少延迟、节省能源、降低成本、提高系统容量和大规模设备连接，其通过增强移动宽带、超高可靠性低时延通信和海量机器类通信等针对行业应用推出的全新场景，能够带来超高带宽、超低时延以及超大规模连接的用户体验。

随着能源互联网的建设与发展，迫切需要适用于电力行业应用特点的实时、稳定、可靠、高效的无线通信技术及系统支撑。分布式清洁能源接入需求快速提升、智能电网精准控制对时延要求更低，负荷侧亟须提升采集频度和采集深度，实现用户侧需求响应、精准负荷预测和控制，以及新型商业模式对网络要求标准更高使得电力通信网络建设面临诸多新的需求。电力企业对电力 5G 技术进行了一系列研究，并在 5G 关键技术研究、核心产品研发及 5G 与电网的深度融合方面取得一定成效。通过 5G 嵌入式终端与负控终端结合，验证了 5G 承载负控业务的可行性；采用 5G 可视化智能终端，实现了输电线路的 4K 超清蓝光实时视频监控；开展 5G 承载输电线路在线监测及巡检工作，实现了异地信息采集、视野无差别的协同试验。

中国 5G 产业发展稳步推进，将开启互联网万物互联的新时代。5G 将重点发展大规模多输入多输出、毫米波、新型调变技术以及集中化或云化无线接入网四大技术方向。大规模多输入多输出通过空间复用带来频谱资源高度复用，上行带宽增长数 10 倍，将在无线视频监控、无线流媒体信息终端、AI 机器人、人工智能等方面体现应用价值；5G 毫米波随着半导体技术和工艺发展的成熟，器件成本和功耗大幅降低，传波特性问题也将随传输技术发展所克服，商用后将能够在工业互联网、远程控制、无人驾驶等广泛物联网细分领域快速落地；新型调变技术将会重新定义物理层的架构，再透过物理层之上的集中化或云化无线接入网规范，共同协调以使整个网络达到最佳化。电力企业应进一步挖掘 5G 技术在电力行业发、输、变、配、用等各环节的重要作用，在新能源及储能并网、输变电运行监控、配电网调控保护、用户负荷感知与调控、协同调度与稳定控制、规划投资与综合治理等方面更加深入地推进 5G 技术应用，与电信运营商、通信设备厂商等合作，共同引领电力通信领域技术的标准化，推动电力通信终端模组研发及通用化，实现差异化的电力网络切片服务，提升对通信业务的管控能力，为新型电力系统提供高质量网络通信保障。

7.3.3 发展趋势

“十四五”期间，数字电力建设将成为电力行业的重要发展内容，电力企业需将数字化建设作为指导全局的一项战略性举措。数字电力的建设过程是传统电力系统的数字化、智能化、互联网化过程，此举将在电力信息化的基础上优化电力系统，更好地适应未来高比例可再生能源发展趋势，以及源网荷储全方位协同运行模式。实现设备状态多维感知、环境全景监控、数据云边处理、状态辅助预判、安全智能管控、运行效益提升、业态创新发展，为电力系统安全经济运行、提高经营绩效、改善服务质量提供强大动力，实现电网灵活可靠的资源配置，推动以新能源为主体的新型电力系统建设，为“双碳”目标提供强有力支撑。通过数字电力建设，将实现以下两个目标。

7.3.3.1 支撑以新能源为主体的新型电力系统建设

基于物联网智能传感、智能终端以及安全芯片等感知设备，实现全环节数据可测可采可传，且各类终端与设备即插即用、安全接入、万物互联；通过5G、光纤等现代通信网络，实现数据快速上传；通过人工智能、大数据等先进算法，基于云平台实现智能发电、智能调度、智能运维的全场景与全链条智能化。实现传统电力系统向源网荷储全面协同、数据驱动AI决策、电力物联网全局感知主动防御、电力电子与现代通信相结合的敏捷响应、调峰调频资源丰富、手段灵活的新型电力系统演变。

7.3.3.2 服务“双碳”目标达成

通过数字电力建设，实现对各类可再生能源的精准预测和智能调控，利用能源信息互联网促进各类电源协同联动、互补互济、高效协同；通过对电动汽车、储能、微电网等新型负荷深度感知，充分适应未来用能时空分布多样，能流双向，互动性强的趋势，助力绿色交通和智能建筑等领域的电能替代大规模发展；以数字化建设驱动能源变革，促进社会能效提升、绿色发展。

7.4 高性能仿真计算与求解技术

7.4.1 总体概述

仿真计算是认知电力系统特性、支撑系统规划和运行控制的重要技术基础。随着电力系统向低碳、高效等目标演进，新能源和直流输电快速发展，系统呈现电力电子化特征，动态过程更加复杂，对仿真规模、模型复杂度、算法精细度和计算性能等方面的需求持续提升，对仿真架构的灵活性和开放性要求也不断增加。

我国自主的电力系统仿真计算技术发展已有近50年，伴随着我国交直流混联电网快速发展，自主仿真技术在很多关键指标上超过国外同类产品技术水平，形成了包括机电暂态仿真、电磁暂态仿真、中长期动态仿真等不同时间尺度的仿真技术体系，相关产品在电力系统规划、建设、运行和科研等单位广泛应用。然而，部分底层算法如优化求解器尚高度依赖国外软件产品，存在“卡脖子”风险。

面向新型电力系统，电力系统仿真计算技术呈现新的发展趋势。在模型构建方面，提升覆盖源网荷储不同类型设备、不同时间尺度的模型完备性，满足从设备级到大规模系统级暂态仿真需要；在仿真求解方面，在现有成熟求解算法基础上，聚焦新能源等电力电子设备开关动态拟合、数值振荡抑制等问题，提升仿真规模和精度；在性能提升方面，将高性能并行计算、异构计算等技术与电力系统仿真技术结合，提升仿真效率；在接口开放方面，设计代码层级的模型和算法开发接口，提供模型编译导出、多物理场混合仿真、数据后处理等功能；在融合应用方面，提供电网在线仿真分析、信息－物理系统联合仿真、多用户协同云仿真等解决方案。

围绕上述技术趋势，国内外相关团队已开展大量研究。然而，现有仿真计算软件和平台大多面向交流同步机主导的传统电力系统，不能完全适应未来发展需求；其设计理念通常针对特定应用场景，通用性和可扩展性不足。为此，急需升级理念、调整路线并积极实践，突破高性能仿真计算技术，保障新型电力系统建设和国家能源转型发展。

面对未来新型电力系统场景，更大规模新能源将接入电力系统，电源侧和负荷侧不确定性增大，海量电力电子设备特性通过电网交织耦合，现有仿真计算技术面临新的巨大挑战。为整体解决新型电力系统面临的建模、仿真和分析等挑战，应推动仿真计算技术向精细化、平台化、智能化、在线化方向发展，突破底层通用求解器等核心算法瓶颈，提升仿真计算引擎的开放性，具备灵活融入不同应用场景的能力。

7.4.1.1　精细化方面

大量集中式和分布式新能源发电接入电网，其机组数量多、空间分布广，对每个机组进行详细建模既不现实，也无必要，需解决海量电力电子设备聚合建模和参数实测难题。另外，为准确研究海量电力电子设备接入电网后的耦合特性，应采用微秒级步长的电磁暂态仿真方法，但建模及仿真复杂度激增，现有仿真工具尚难以支持，需实现大规模电力系统全电磁暂态仿真的工程实用化。

7.4.1.2　平台化方面

由于新能源出力大幅波动以及各种电网结构灵活调整，新型电力系统需要分析的电网预想工况和故障数量持续增加；而大规模电磁暂态仿真的应用将导致单个仿真作业的数值求解计算量大幅增加。上述因素均导致仿真精度和计算效率之间的矛盾进一步加剧，对仿真算力提出更高要求，传统基于单机的仿真计算模式无法满足要求，需依托高性能计算机集群提升仿真能力和计算效率，并通过云仿真服务支撑不同用户的应用需求。

7.4.1.3 智能化方面

对于电力电子设备，其复杂特性主要由控制保护逻辑决定，但实际建模中难以完全掌握设备机理，构建原理模型存在困难。另外，基于高性能集群的仿真分析将生成海量结果数据，传统人工分析数据、把握系统特性的研究方法面临人力和经验不足等挑战。需融合数据驱动建模、机器学习等前沿技术，提升复杂模型构建、海量仿真结果分析等水平。

7.4.1.4 在线化方面

为解决电源侧和负荷侧工况、参数等因素不确定性增加给仿真分析带来的巨大挑战，应加快发展基于电网实际运行数据的在线仿真分析技术，应用数字孪生等技术开展电源侧和负荷侧不确定性模型的在线构建和参数辨识，实现电力系统在线分析、决策和控制。

7.4.2 发展现状

围绕新型电力系统仿真计算，现有仿真计算软件和平台不能完全适应新型电力系统计算需求，原有设计理念、通用性和可扩展性以及可复制性仍有不足。未来，新型电力系统高性能仿真技术应从以下几方面开展研究。

7.4.2.1 电源侧和负荷侧精细化建模技术

电源侧和负荷侧新能源发电机组容量小、数量多、模型复杂，在系统级分析中无法对每台机组详细建模。需研究计及新能源场站内部拓扑和出力不确定性的场站级聚合仿真模型，以及适用于主网仿真分析的高渗透率分布式发电和电力电子负荷模型。随着调度自动化技术发展，还应研究电源侧和负荷侧电力电子设备/集群的模型参数在线辨识方法，提升对实际电力系统的建模准确性。

7.4.2.2 大电网全电磁暂态仿真技术

大规模电磁暂态仿真将成为新型电力系统特性认知的基础，并用于校准其他时间尺度仿真模型和算法。为此，需攻克制约大电网全电磁暂态建模精度、仿真规模和计算效率的瓶颈问题，实现含海量电力电子装备的大电网全电磁暂态仿真，提升其工程实用化水平，支撑对新型电力系统的精细化仿真分析。

7.4.2.3 智能高效运行方式构建与分析技术

针对新型电力系统可能存在的海量运行场景以及新型电力系统运行方式分析需求，开展新能源电力系统典型运行方式自动生成、运行方式自动调整、安全边界自动解析，以及基于云平台等先进技术的高效仿真分析等技术研究，通过智能化、数字化满足新型电力系统安全稳定计算分析需求。

7.4.2.4　高性能云计算技术

随着新型电力系统规模扩大、模型复杂度提高、仿真算法更加精细，在单机上完成大电网仿真分析工作越来越困难。为此，需研究基于中央处理器、图形处理器、可编程陈列逻辑等异构硬件的仿真计算加速方法，构建基于高性能并行计算集群的电力系统仿真计算平台，提升多层级并行仿真技术的计算效率，建立支持远程异地协同访问的高性能云仿真平台。

7.4.2.5　通用求解器技术

为突破通用求解器“卡脖子”问题，需研究具有国内自主知识产权的通用求解器包，包括用于大规模混合整数优化问题的高性能求解器，可以从求解效率和精度等方面实现对当前国际主流商业求解器的替代效果。结合人工智能技术，针对规划和运行模拟仿真开展定制优化，通过减少变量和约束的数量，缩小问题的规模大小，提升求解效率和收敛性。

7.4.2.6　开放式接口及融合应用技术

为支撑新型电力系统不同场景仿真分析和科研需求，需要开放性的仿真建模接口技术，降低电磁暂态模型开发门槛，针对新能源发电、储能等提出灵活便捷的程序级模型调用接口。可以仿真计算引擎的应用程序接口调用技术，为用户提供灵活构建电力系统仿真模型、调整仿真算例、分析仿真结果的功能。利用云－边融合的仿真计算和服务架构，支撑电力系统智能调度、控制和运维；开发数字孪生应用框架，助力电力工业数字化发展。

7.4.3　发展趋势

目前来看，新一代仿真平台的技术、设备、算法等能够支撑新型电力系统规划、建设和运行对仿真计算的需要，为我国能源加快转型提供强有力的基础技术支撑。在“双碳”目标驱动下，我国提出构建新型电力系统，承载高比例新能源接入。电力系统的“双高”（高比例新能源、高电力电子设备）特点将更加明显，节点规模和复杂控制元件的数量急剧增大，再加上特高压交直流工程持续建设，大电网安全运行将更加复杂，对仿真计算的规模化能力、准确性、高效性等要求也将进一步提高。

7.5　电力北斗技术

围绕北斗技术在电力系统应用中的问题，现有调控计算效率和精度仍难以满足要求，北斗技术在发电－输电－配电－用电等环节仍有可挖掘的潜力。未来北斗技术应用于电力系统需要从以下几方面开展研究。

7.5.1 总体概述

新能源为主体的电力系统区别于传统电力，光伏、风电等新能源具有资源可再生、分布广、间断式供应等特点，使电网结构更加复杂，系统特性发生根本性改变等一系列问题也给电力系统的安全监测和稳定运行控制带来了挑战，对卫星导航的需求更加突出。我国自主建设、独立运行的北斗卫星导航系统具有安全可靠的导航定位、授时和短报文通信等功能，是构成国家定位、导航、授时时空体系的核心技术，是万物互联时代准确描述时间和空间的关键技术，可为加强新能源为主体的新型电力系统的安全稳定提供有效支撑。

从北斗技术产业链结构来看，北斗技术产业链主要包括由空间段和地面段组成的基础设施以及用户段上游的基础部件、中游的终端集成和下游的应用及运营服务等。其中直接与电力行业应用相关的主要涉及用户段的上、中、下游。上游基础产品研制、生产及销售环节是产业自主可控的关键，主要包括基础器件、基础软件、基础数据等；中游是当前产业发展的重点环节，主要包括各类终端集成产品和系统集成产品研制、生产及销售等；下游是基于各种技术和产品的应用及运营服务环节。目前，产业链上游的芯片、天线、GIS、板卡、地图、实验室模拟源等已实现全面配套，国内自主研发的北斗芯片等基础产品已进入规模应用阶段。中游的手持型、车载型、船载型、指挥型等各类应用终端已经广泛应用在各个行业，品类已初具规模。下游的运营服务和系统集成受“新基建”战略带动，迎来高速发展期。总的来说，我国北斗卫星导航与位置服务产业结构趋于成熟，国内产业链自主可控、良性发展的内循环生态已基本形成。

当前，我国北斗卫星导航与位置服务领域企事业单位总数量保持在14000家左右，从业人员数量超过50万。截至2020年年底，业内相关上市公司（含新三板）总数为84家，上市公司涉及卫星导航与位置服务的相关产值约占全国总体产值的7.79%左右。知识产权方面，截至2020年12月31日（以专利公开时间为准），据工业和信息化部电子知识产权中心对中国专利授予机构的著录项目统计，中国卫星导航专利申请累计总量（包括发明专利和实用新型专利）已突破8.5万件，2016—2019年的年度申请量均超过1万件。我国虽然在卫星导航领域起步较晚，但后期发展迅速，2010—2020年申请专利总数已达到8万件。随着北斗应用的进一步推进，预计卫星导航技术专利申请还将继续保持快速增长态势。

我国从“十一五”时期开始就高度重视北斗技术的发展和应用推广。“十一五”

期间,《信息产业科技发展“十一五”规划和2020年中长期发展规划纲要》提出，要重点发展卫星应用领域导航和遥感关键技术；“十二五”期间,《测绘地理信息科技发展“十二五”规划》出台，指出要重点开展应急测绘遥感监测技术研究；“十三五”期间，多项关于卫星测绘的政策陆续出台，强调进一步提升我国测绘地理信息服务保障能力，推进全球地理信息资源开发，同时加速北斗、遥感卫星商业化应用；“十四五”开局之年，北斗三代卫星导航系统已全面建成，我国卫星应用迈入新的阶段，国家政策规划要求大力发展北斗产业，推动北斗终端各领域规模化应用。国家相关部门纷纷出台政策支持卫星应用行业的发展，中国卫星应用产业迎来了加速发展和布局调整的重要机遇。2021年6月，国家航天局发布《“十四五”及未来一个时期发展重点规划》，其中明确指出要不断增强卫星应用服务能力，支撑经济社会发展。“十四五”时期，我国将继续按照国家新型基础设施建设的要求，完善国家民用空间基础设施和配套地面设施，提升卫星对地观测、通信广播和导航定位的服务能力。截至2021年4月，与卫星导航相关政策法规已出台1000余件。第十二届中国卫星导航年会北斗法治论坛上发布了《北斗卫星导航系统法治建设报告》，全面系统总结北斗法治建设成效与经验，为北斗规模化产业化发展保驾护航。

北斗技术在电力行业的应用已经覆盖了发电、输电、变电、配电、用电等电力生产的各个环节（图7.9），北斗+电力应用已经成为关系到国家安全及国民经济发展的关键领域。

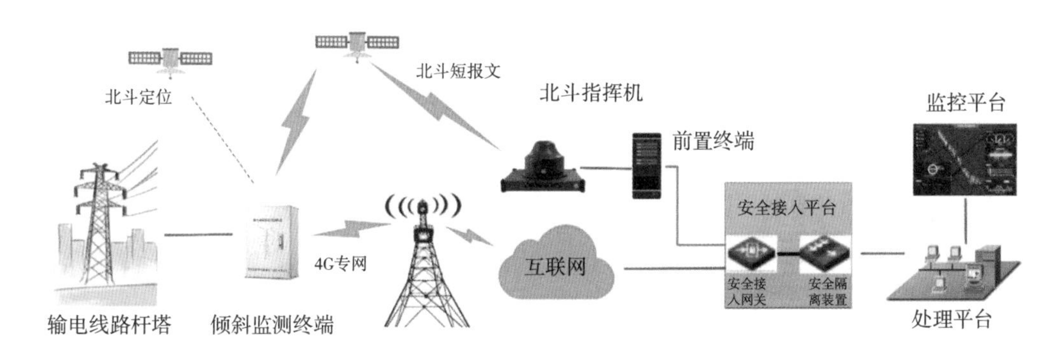

图7.9 电力北斗示意图

在基础设施建设方面，目前，国家电网和南方电网分别独立建设了超大型、覆盖广的北斗地基增强系统基准站和北斗综合服务平台，可以面向覆盖区域北斗用户提供北斗短报文通信、高精度定位导航、授时授频等服务。授时授频应用方面，北斗授时授频是电力行业最典型的应用之一。发电企业的电力生产系统、电网企业的调度系统等，利用北斗高精度授时服务，实现全站（网）的时间同步，保障电力系统的安全、稳定、可靠运行，应用终端数量超过 1.3 万余台。

截至 2021 年第三季度，电力行业北斗高精度定位终端应用数量达到 1 万余台，主要包括光伏发电厂太阳能追光系统角度控制、电力勘测工程的测量测绘、车辆调度管理、电网输电线路无人机自主巡检、线路杆塔形变监测、地质灾害监测、导线舞动监测、变电站机器人巡检、基建工程现场作业人员安全管控、施工机械操作高精度数据监测、电网大型重点物资在途运输管理、营配设备资产管理和地理信息采集、水电站大坝沉降和形变监测等应用场景，提升了发电企业、电网企业电力设施设备运行状态在线监测和信息统一，提升了新型电力系统精益管理水平。电力行业北斗普通定位技术主要用于人员、车辆、船舶、设备等实时定位、导航与轨迹监控，终端形态包括工卡、手环、手持终端、车载终端等产品，应用数量已达 35 万余台套。

通过北斗短报文服务，可以弥补在现有通信网络不能覆盖的地区开展用电信息等计量数据远程集抄、输电线路监测数据回传、基建工程现场人员应急保障、水情测报系统遥测站点 / 气象站点的数据传输、海上浮标、海岛及船载辐射监测和 KRS 系统的数据传输、小水电 / 光伏电站数据回传等场景，在应急救灾场景下，如野外山区、灾害抢险时，利用北斗短报文通信服务，实现与现场作业人员的信息交互，实现基于电力任务的联动和防护。

某些电力企业大力推广北斗技术应用，已具备一定基础，但在产业规模化应用方面仍面临诸多挑战。①缺乏顶层设计和规范标准。虽然相关电力企业都发布了北斗技术产业发展规划，强调建设内容和应用方向，但是对北斗技术如何从时空基准层面提升电力系统管控和运行安全能力尚未开展全方位的顶层设计，需要规划设计北斗技术与电力系统业务深度融合的架构和发展方向。②市场需求零散，难以形成规模化效应。目前北斗技术在电力行业的推广主要依靠政策引导和支持，作为战略性新兴产业，在电力行业用户对其认识有待提高，市场需求较分散，难以形成规模化应用场景。虽然成立了专门开展北斗技术应用推广的产业公司，但仍需进行业务统筹。③电力 + 北斗、北斗 + 电力融合程度有待加强，目前大部分应用探索集中在硬件设备层面推广，用软硬件综合解决方案来解决电力行业迫切需求的场景仍然缺乏，行业缺少具备导航和电力两大行业技术知识的专业人才，行业应用模式创新力度不足，导致产业规模化发展仍需加大投入和推广力度，把北斗技术作为时空技术的基础赋能技术，需要深度挖掘北斗、人工智能等多技术融合创新潜力，从而解决实际业务问题，带动以时空信息为基准的无限产业发展。

7.5.2 发展现状

围绕新型电力系统仿真计算，现有仿真计算软件和平台不能完全适应新型电力系统计算需求，原有设计理念、通用性和可扩展性以及可复制性仍有不足。未来，新型电力系统高性能仿真技术应从以下几方面开展研究。

7.5.2.1 广域高可用高精度定位技术

研究地基差分增强技术，重点针对电力无人巡检设备高精度定位完好性和高可用需求，研究广域大型高并发地基增强技术，实现面向大量用户提供实时厘米级、事后毫米级的精准位置服务；通过研究全网电离层和单参考站对流层模型技术来消除电离层、对流层折射的影响，提高连续运行参考站（Continuously Operating Reference Stations，CORS）定位精度；结合电力北斗精准位置网建设需求，研究超大全球导航卫星系统（Global Navigation Satellite System，GNSS）监测网数据处理技术，实现解算效率以及产品精度的最优组合，提高卫星轨道、钟差、ERP 等的精度；深入研究基于单历元解算的实时变形监测算法，通过计算监测站每一个历元的坐标来实现实时监测，开展电力设备形变监测应用研究。

针对无信号区电力设备测量和定位需求，研究通过卫星播发地基监测站误差改正数或完好性信息，提升用户终端定位完好性和精准性；开展低轨导航精度增强技术研究，利用低轨卫星空间多样性为用户提供快速收敛的高精度服务。开展低轨导航信号增强技术研究，借助卫星平台播发伪码测距信号，解决城市峡谷、树林、室内等阴影遮挡环境以及高电压、强电磁干扰场景下的定位问题，探索研究基于低轨导航信号增强的室内定位技术，有效扩展卫星导航系统的服务范围和应用领域。

针对电力设备静态资产管理需求，研究针对精密单点定位技术存在的定位精度、初始化时间、可用性和可靠性问题，重点开展高采样率钟差实时快速估计、多频精密单点定位（Precise Point Positioning，PPP）、多系统 PPP、PPP 增强、精密单点实时动态定位（Precise Point Positioning-Real-Time Kinematic，PPP-RTK）等关键技术研究，解决 PPP 定位模糊度固定问题，探索 PPP/PPP-RTK 模糊度固定方法，大幅降低 PPP 初始化时间和快速重定位时间，解决信号短时中断引起的模糊度参数重置造成的定位重新收敛问题。研究适合 PPP-RTK 定位的大气误差模型，显著提升精密单点实时动态定位的可用性和商业价值。

结合电力作业安全管控业务需求，研究多模式融合定位技术，重点围绕通信导航一体化、通信导航惯导一体化、5G+ 北斗联合定位授时、室内外无缝定位、星地一体化增强、芯片化集成、多模多频高精度 GNSS 接收机等领域开展融合创新，突破一批关键核心技术，推动射频、基带芯片和主板等关键器件研发，支持新型高效算法和模型研发，丰富北斗系统高性能终端产品谱系，形成领跑技术标准体系实现在不同原理的定位导航系统间开展融合创新，建设综合泛在的定位导航授时系统。

7.5.2.2 高可靠抗干扰统一时频服务技术

需关注以下几种技术：①卫星授时可靠性和抗干扰技术，实现天地互备，统一溯源，成为卫星授时技术能否支撑电力系统面向未来新能源大量并网带来的不确定性的关键因素；②卫星共视与精密授时相结合的技术，长基线长度的共视时间传递方法，实现大范围长距离的时间频率传递；③研究时间频率闭环监测方法，实现全网时间同步状态的实时监测；④研究有线与无线相结合，天基与地基相结合的方式，实现电网时间与国家标准时间的溯源与统一。

7.5.2.3 低功耗高安全短报文通信技术

短报文作为一种通信手段，在应用于电力行业时，需要开展低功耗和高安全两大技术难题的研究。由于设备需要与静止轨道卫星进行双向通信，瞬时功耗较大，给行业应用推广带来较高成本和风险。因此，需要研究低功耗的短报文通信芯片和模组，满足各类终端、传感器数据传输需求。在高安全方面，民用短报文通信数据协议和格式均采用公开通信协议，数据传输过程中存在数据泄露风险，如何将北斗短报文数据加密服务与通用加密手段进行有机结合和无缝对接，成为敏感领域对短报文技术应用的关注点。

7.5.2.4 安全可信的时空服务保障技术

从国家安全、经济安全和社会公共安全的角度出发，建立时空服务安全保障体系，打造时空服务的坚韧性，确保智能时空信息服务的完好性、可靠性、可信度与精准度，从而保障包括能源、电信、金融、互联网等国家关键基础设施在内的应用安全，已经成为制约北斗技术行业深度应用的当务之急。

打造时空服务安全保障体系涉及多个方面技术：一是卫星导航系统设计技术，改进和提高系统的性能，实现空间段、环境段、地面段和用户段的一体化设计。针对环境段问题，采取积极的措施，保障精度、可用性、完好性、连续性和可靠性指标要求，尤其是抗干扰能力和具有完好性保证的高精度能力。二是建立抗干扰、防欺骗的组织与行动技术体系，监测威胁攻击源，保护导航频谱，优化接收机功能性能，并且采取缓解消除行动措施，同时要通过技术创新与系统集成，形成抗衡干扰和欺骗威胁的集成融合系统或者备份替代系统。三是充分利用多样化的系统互补融合，将天基导航与地基导航、传统导航与新兴导航、无线电导航与惯性导航，以及多种多样的导航手段和资源实现系统化集成整合，尤其是在改进接收机抗干扰、防欺骗、自主完好性监测等多方面切实提高和保障，从根本上解决天基导航系统的脆弱性，真正做到实现全空间、全天候的定位、导航和授时。

7.5.3　发展趋势

卫星应用产业是国家战略性高新技术产业，从应用类型上主要分为卫星通信、导航和遥感三类。卫星通信即以卫星为中继站进行数据通信；卫星导航则是为万物提供绝对定位导航信息；卫星遥感本质是将相机、雷达等各类传感器搭载在卫星平台上，感知地形地貌、地物目标状态。

应对电力系统未来发展的深刻变化，北斗卫星定位系统在电力行业的应用前景十分广阔。从源网荷储各环节的角度，北斗卫星导航系统的气象应用功能可以实现清洁能源资源动态调查及功率预测、电网灾害监测预警与动态调控策略支撑、用电负荷动态预测等，为能源互联网的建设提供有力支撑。从电力系统规划、建设、运维、应急各阶段的角度，能够对输电通道规划、清洁能源场站选址规划、输变电工程三维数字化设计、工程建设隐患排查与动态监测、输电通道卫星遥感巡视动态全覆盖、自然灾害监测预警、人类工程活动与外破隐患识别监测、电网设施损毁情况紧急调查和评估、应急救援场景下的路线场地规划与通信保障等提供数据服务。

随着通信、网络、计算机、软件等技术的迅猛发展，软件定义正在成为一种新的必然发展趋势，发展软件定义卫星技术，将逐步提高卫星产品的软件密集度，不但可以逐步增强卫星功能、提升性能，而且可以极大地缩短研发周期、降低研发成本。软件定义卫星采用开放式架构，可以通过在轨发布APP、动态加载各种软件组件，把各种强大的新算法不断地集成到卫星系统中。随着可再生能源、特高压的高速发展，卫星技术的应用需求更加广阔和急迫，软件定义卫星的发展可以为行业应用提供更经济、灵活、智能的解决方案，电力行业应结合行业专业需求，提出电力行业卫星应用标准，开展卫星搭载软硬件研发。“十四五”期间，电力企业将结合电力行业特点，持续推进北斗应用与电力业务的融合发展，进一步扩展北斗卫星导航系统在电力行业的应用范围。通过自主研发北斗运营服务平台和相关终端设备，打造一系列具有电力特色的典型示范应用，充分利用卫星技术支撑以新能源为主体的新型电力系统建设发展。

7.6　电力网络碳流分析技术

7.6.1　总体概述

我国电力行业的碳排放特点如下：①发电二氧化碳排放强度高，电源结构以火电为主体；②电网侧的二氧化碳排放来源主要是电网输电损耗和输变电设备中的六氟化硫泄漏，其中六氟化硫的温室效应是等量二氧化碳的约24000倍；③用电侧虽然不直接产生碳排放，却是产生碳排放的主要驱动力。通过合理的需求侧管理，可优化用电方式，从而间接减少二氧化碳排放。

《联合国气候变化框架公约》第13次缔约方会议通过的“巴厘岛路线图”提出，碳计量须遵守温室气体排放量要可测量、可报告、可核实的“三可原则”。基于以上要求，需要从电力行业的整体环节着手辨识碳排放的来源，并研究碳排放的定量计算方法，从而清晰地了解电力行业的碳排放现状，并对未来的排放轨迹进行预测。此外，由于电能是二次能源，电力行业的碳排放几乎全部来自发电环节，而在电能的传输、使用过程中则不产生碳排放。因此，除对电力系统碳排放的总量特性进行分析外，还需要引入电力网络碳排放流的概念与分析理论，将电力系统的碳排放与电网的拓扑结构相结合，研究网络化的碳排放分析方法与计算模型，全面分析电力系统中影响碳排放的关键因素，追踪碳排放在电力系统各环节的跨时空流动。

美国华盛顿大学的学者于1978年首次提出了碳排放流的概念，并将其应用于生态学中以描述生态循环中包含自然碳排放的碳元素的转移。伦敦政治经济学院的学者将碳排放流与商贸物流相结合，用于表示各类商品生产过程中的碳成本，分析不同国家间通过商品进出口带来的耦合碳排放转移。电力的跨区域大规模输送同样引起了耦合碳排放在网络上的转移和流动，因此碳排放流理念也被国内外学者应用于电力系统之中，将网络流的方法引入碳排放的分析之中，揭示各种能源网络中隐含在能量流中的碳排放流的特征与本质规律，建立了电力系统的碳排放流分析理论与计算方法，实现了碳排放流在电力网络中的分布特性与机理的量化分析。

当前，国内外关于电力系统碳排放的分析研究和应用实践仍处于起步阶段。在新型电力系统建设进程中，电源类型更加丰富，需要针对不同类型电源建立对应的碳排放计量方法；同时，还需要通过进一步研究，厘清储能大规模建设带来的碳排放流在时间尺度上的分布变化；此外，形成国际通用的电力碳排放精细化计量标准也是亟待解决的问题。

7.6.2 发展现状

7.6.2.1 宏观统计碳排放核查技术

宏观统计法的思路最简单直接，具体步骤是先统计系统中各类化石能源的消耗量，然后结合化石能源的典型排放因子，即可计算得到系统在统计周期内的总碳排放。IPCC颁布了各类燃料的典型碳排放因，可用于统计电力系统的宏观碳排放量。但上述排放因子没有考虑到燃料品质和国家间的差异，准确性略显不足。宏观统计法的优点是计算简单、操作性好、方法实用，可以明确给出系统在一个较长周期内的总碳排放量，多用于国家层面的碳排放统计。但是，该方法与电力系统的实际物理特性脱节，需要基于长周期的燃料消耗统计为数据支撑，难以实现电力系统碳排放的细节分析，无法开展电力系统的实时碳追踪，对电力系统优化决策的指导性有限。

7.6.2.2 全生命周期碳排放分析技术

全生命周期法从时间线的角度统计分析电力系统的碳排放，统计口径涵盖能源设施的原材料、生产制造、运行管理、检修维护直到退役报废的全生命周期过程。该方法可以给出能源设施在各阶段的碳排放明细，分析影响总碳排放的关键因素，指明减排的方向。通过分析风电、光伏、光热、碳捕集等低碳发电技术的全生命周期碳排放，表明低碳发电技术在运行环节的减排量远高于其设备生产制造过程中额外增加的碳排放量，低碳效益显著。与宏观统计法相比，全生命周期法拓展了碳排放计算与分析的时间维度，可以规避仅考虑燃料消耗碳排放的局限性。但是，全生命周期法仍然缺乏对电力系统物理特性的考虑，无法明晰碳排放在电力系统中的时空转移机理。

7.6.2.3 电力网络碳排放流分析技术

为了分析碳排放的转移网络，打通生产侧与消费侧的中间环节，厘清碳排放责任，碳排放流分析方法应运而生，将碳排放与消费行为联系起来，为碳排放的计量提供了全新的视角。电力系统碳排放流（图 7.10）定义为依附于电力潮流存在且用于表征电力系统中维持任一支路潮流的碳排放所形成的虚拟网络流。直观上，电力系统碳排放流相当于给每条支路上的潮流加上碳排放的标签。由于碳排放流与潮流间存在依附关系，可以认为：在电力系统中，碳排放流从电厂（发电厂节点）出发，随着电厂上网功率进入电力系统，跟随系统中的潮流在电网中流动，最终流入用户侧的消费终端（负荷节点）。表面上，碳排放是经由发电厂排入大气。实质上，碳排放是经由碳排放流由电力用户所消费。

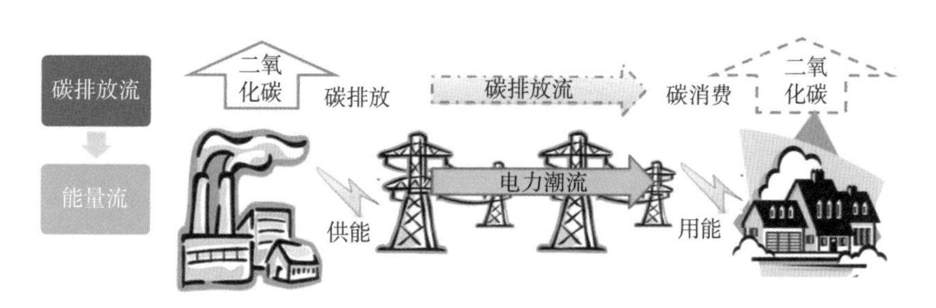

图 7.10 电力系统碳排放流

7.6.3 发展趋势

面向新型电力系统建设和“双碳”目标落实的紧迫发展需求，针对电力系统全环节精准碳排放分析与标准研究已成为亟待解决的问题。整体来看，目前针对电力行业碳排放分析领域的研究工作所涵盖的范围依然有限，未来将在以下方面持续完善。

7.6.3.1 考虑电力市场交易因素的碳排放计量与分析

随着电力市场与绿色电力市场规模的不断扩大，发电企业与用户间将存在双边交易形式的购电合同，而实际上每一份双边电量合约下都将暗藏碳排放的转移。因此，在电力市场环境下，荷侧碳排放的分摊中不仅需要考虑到基于电力潮流的碳排放溯源，还需要考虑市场交易因素的碳排放溯源。未来需要进一步探讨各类型电力市场交易对电力系统碳排放流的影响。

7.6.3.2 多能源系统的碳排放分析技术

在能源互联网的发展背景下，多能源系统协同运行已受到工业界和学术界的广泛关注，以电、气、热为代表的典型多能源系统将成为能源系统的重要形态之一。除电能外，热能和天然气也是用户的重要终端用能形式，其中热能也属于二次能源，且多能源系统中不同能源间存在耦合与转化过程，如电制热、电转气、气制热等。因此，在多能源系统中，荷侧的用能碳分析同样不能简单地根据平均用能碳排放因子进行直接核算，而需要将能量流与碳排放流进行耦合和延伸，研究针对多能源系统的碳排放分析技术。

7.6.3.3 碳减排效益精细化评估

随着碳市场与国家核证自愿碳减排市场（China Certified Emission Reduction，CCER）的不断建设与完善，发电企业、电网和用户的低碳水平需要一套合理的评价指标体系来进行评价。基于测量得到的各项电碳指标，通过对源、网、荷三侧进行合理评价，找到影响电力行业低碳化水平的症结所在，并有针对性地提出改进措施和发展计划，定量评估低碳水平与减排贡献。

参考文献

[1] 肖飞，马伟明，罗毅飞，等. 大功率 IGBT 器件及其组合多时间尺度动力学表征研究综述［J］. 国防科技大学学报，2021，43（6）：108-126.

[2] 项佳宇，李学宝，崔翔，等. 高压大功率 IGBT 器件封装用有机硅凝胶的制备工艺及耐电性［J］. 电工技术学报，2021，36（2）：352-361.

[3] 党子越，彭晗，彭皓，等. 碳化硅器件的短路保护：设计准则和电路 [J]. 中国电机工程学报，2022，42（2）：728-737.

[4] 周安，马平，董达鹏，等. 数字化电网技术在电网规划设计中的应用 [J]. 能源研究与管理，2021（2）：83-87，92.

[5] 刘文霞，郝永康，张馨月，等. 基于数字化技术的电网资产管理关键技术及应用 [J]. 电网技术，2018，42（9）：2742-2751.

[6] 戴汉扬，汤涌，宋新立，等. 电力系统动态仿真数值积分算法研究综述 [J]. 电网技术，2018，42（12）：3977-3984.

[7] 李博，方彤. 北斗卫星导航系统（BDS）在智能电网的应用与展望 [J]. 中国电力，2020，53（8）：107-116.

[8] 张波，张勇，刘政强，等. 国网山东电力北斗地基增强系统建设方案及应用 [J]. 电力系统保护与控制，2020，48（3）：70-76.

[9] 程栩，王松，王正风，等. 基于北斗卫星通信技术的电力信息传输关键技术研究及应用 [J]. 智能电网，2017，5（0）：795-799.

[10] 韩学义. 电力行业二氧化碳捕集、利用与封存现状与展望 [J]. 中国资源综合利用，2020，38（2）：110-117.

[11] 谭新，刘昌义，陈星，等. 跨国电网互联情景下的碳流及碳减排效益研究——以非洲能源互联网为例 [J]. 全球能源互联网，2019，2（3）：210-217.

[12] 樊静丽，魏世杰，张贤. 2015 年中国能源流与碳流分析 [J]. 北京理工大学学报（社会科学版），2018，20（4）：6.

[13] Peter J. Cook. 碳捕集和封存技术研究开发及未来清洁能源行业部署——澳大利亚在过去 20 年中的经验教训 [J]. Engineering，2017，3（4）：103-121.

[14] 陈厚合，茅文玲，张儒峰，等. 基于碳排放流理论的电力系统源 - 荷协调低碳优化调度 [J]. 电力系统保护与控制，2021，49（10）：1-11.

[15] 康重庆，程耀华，孙彦龙，等. 电力系统碳排放流的递推算法 [J]. 电力系统自动化，2017，41（18）：10-16.

[16] 周天睿，康重庆，徐乾耀，等. 碳排放流在电力网络中分布的特性与机理分析 [J]. 电力系统自动化，2012，36（15）：39-44.

[17] 周天睿，康重庆，徐乾耀，等. 电力系统碳排放流的计算方法初探 [J]. 电力系统自动化，2012，36（11）：44-49.

[18] 周天睿，康重庆，徐乾耀，等. 电力系统碳排放流分析理论初探 [J]. 电力系统自动化，2012，36（7）：38-43，85.

第 8 章　与新型电力系统相适应的市场机制

适应我国新型电力系统发展战略的市场机制包括电力市场机制与电碳联合市场的机制。其中，前者总结了我国目前电力市场的建设现状与未来发展趋势，对未来新型电力系统中电力市场的关键机制进行归纳并给出发展建议，结合我国全国统一电力市场建设政策给出了适应的建设路径；后者首先总结了我国碳市场的建设现状和发展趋势，对电碳联合市场的研究现状和未来发展趋势进行了归纳，最后对在新型电力系统中发展电碳联合市场给出了政策建议。

8.1　我国电力市场发展路径

8.1.1　我国电力市场建设现状和发展趋势

8.1.1.1　我国电力市场建设现状

电力市场是我国统一开放、竞争有序现代市场体系的重要组成部分。2015 年，《关于进一步深化电力体制改革的若干意见》（中发〔2015〕9 号）实施以来，我国电力市场建设持续向纵深推进，取得显著成效。

一是“统一市场、两级运作”的市场总体框架基本建成。形成覆盖省间省内，包括中长期、现货、辅助服务的全周期全品种市场体系，省间市场趋于完善，省内中长期与现货协同开展。

二是电力市场运营的物理基础和输配电价机制基本具备。省间输电能力约 2.3 亿千瓦，电网配置能力全面提升，形成各级电网完整输配电价体系，为全国统一电力市场运营提供有力支撑。

三是发用电计划逐步放开下的市场化交易规模显著提升。2021 年，全年市场化交易电量约 3.5 万亿千瓦 · 时，同比增长 15.7%，占全社会用电量的 40% 以上。

四是促进清洁能源消纳的市场交易机制初步建立。依托大电网、大市场，创新开展清洁能源打捆、发电权替代、跨区富余可再生能源现货等交易，2021 年风电、光伏和水能利用率分别达到 96.9%、97.9% 和 97.8%，未来将持续提升。

五是公平高效的市场服务与交易平台协同运营。实现了北京交易中心、广州电力交易中心及 33 家省市单位交易平台两级部署，电力交易业务全过程的线上运行。

8.1.1.2 我国电力市场发展趋势

在“双碳”大背景下，面向新型电力系统建设与运行的具体挑战，未来电力市场将在市场机制、交易周期、交易标的、市场主体等方面呈现出新的特点。

一是市场机制要保障各类新能源消纳。新能源装机规模大幅增长，将呈现能源富集地区集中式开发与负荷集中地区分布式建设同步快速推进的格局，需要通过合理的市场机制设计，依托大电网互济能力实现能源基地新能源大范围优化配置，同时依托微电网灵活调节能力实现分布式新能源就地消纳，提升整个电网新能源消纳能力。

二是交易周期进一步缩短，满足市场主体灵活调整需求。为了适应新能源间歇性、难预测的特点，电力市场需要向更精细的时间维度和更精确的空间颗粒度发展。需要推进电力交易向更短周期延伸、向更细时段转变，加大交易频次，缩短交易周期，满足市场主体灵活调整的需求。

三是交易品种进一步丰富，保障系统灵活性和容量充裕性。可再生能源大规模接入对系统灵活性和容量充裕性提出更高要求，需要丰富市场交易品种，建立并完善电力辅助服务市场和容量成本回收机制，通过市场机制自发配置电力系统需要的资源，实现电力商品的电能量价值、容量价值、安全稳定价值的协调。

四是市场主体构成多元化和分散化，负荷侧灵活调节潜力充分挖掘。分布式电源、储能、虚拟电厂等新兴主体不断涌现，市场主体构成更加多元化和分散化，需要引导新兴主体参与电力市场，创新交易服务模式，充分激发负荷侧灵活调节潜力，促进源网荷储高效互动。

五是市场交易凸显可再生能源绿色属性。单纯的电力市场无法完全反映可再生能源的绿色属性，需要通过完善可再生能源配额交易，探索开展绿色电力交易，反映可再生能源综合价值，促进形成市场导向的绿色能源消费流通体系。

8.1.2 新型电力系统中的电力市场关键机制和发展建议

由于高比例可再生能源等新型主体的加入，新型电力系统的物理特性与运行方式将与传统电力系统发生变化，这也会导致传统电力市场机制难以适应新型电力系统的特点。为了充分发挥电力市场在电力系统运行中的资源优化配置作用，有必要结合新型电力系统的特点对传统电力市场机制进行革新。为此，本节针对新型电力系统中的电力市场关键机制和发展建议进行总结归纳，分可再生能源参与市场机制、提高系统灵活性的市场机制、提高系统容量充裕性的市场机制和绿色电力交易机制四个方面展开。

8.1.2.1 可再生能源参与市场机制

一是统筹可再生能源保障政策与市场机制。合理确定可再生能源保障利用小时数，保障利用小时数内的电量全额出清，鼓励保障小时数以外部分参与电力市场；结合可再生能源发展态势，逐步降低可再生能源保障利用小时数，考虑优先发购电放开与匹配，提高市场消纳比例；区分增量和存量，明确补贴机制，实施“价补分离”，激励可再生能源主体通过市场化途径更多消纳电量。

二是建立适应可再生能源发电特性的市场机制。建立适应新能源发电特性的交易组织方式，推进电力交易向更短周期延伸、向更细时段转变，加大交易频次，缩短交易周期；鼓励新能源报量报价参与现货市场；建立新能源偏差结算机制，由新能源发电企业自行申报短期和超短期功率预测曲线，并分担由于预测偏差造成的系统调节成本；推动可再生能源发电商与大用户签订灵活购电协议，保障可再生能源稳定收益。

三是建立适应高比例新能源的市场价格机制。新型电力系统的新能源占比较高，新能源普遍具有近零的低运行成本，导致电力系统具有低边际成本的特点。同时，由于新能源存在间歇性与不确定性的特点，需要更高的调频、备用、容量等需求，导致电力系统具有更高的系统成本特性。面对低边际成本和高系统成本的冲突，迫切需要革新能源价格机制，通过建立容量市场、增加辅助服务收益等合理途径疏导高系统成本，反映电力能源资源在不同时间空间的真实供需价值。

四是建立新能源消纳的社会责任分担机制。完善新能源与传统化石能源之间的替代机制，通过预挂牌交易、发电权替代交易等形式给予常规电源适当补偿；引导用户侧承担新能源消纳责任，以购买或自发自用可再生能源电力作为主要履行责任方式，以购买其他市场主体超额完成的消纳量（绿证）作为补充履行方式。

五是建立和完善零售市场和分布式交易机制。建立健全零售市场机制，鼓励售电公司通过绿色电力零售套餐激励电力用户参与新能源消纳；完善分布式新能源市场交易机制，探索双边协商交易、挂牌交易和集中竞价等市场化交易方式，保障分布式新能源高效消纳。

8.1.2.2 提高系统灵活性的市场机制

一是建立和完善辅助服务市场机制。优化设计调峰、调频等辅助服务品种的开展方式，创新开展快速爬坡、备用、转动惯量等辅助服务交易新品种；统筹协调辅助服务市场与现货市场在时序、流程、出清机制、价格机制等方面的衔接；建立用户侧参与的辅助服务费用分摊机制，按照“谁受益，谁承担”原则，鼓励用户侧主体承担辅助服务费用。

二是引导灵活性调节资源参与市场的机制。发挥虚拟电厂的资源优化聚合作用，允许虚拟电厂参与电能量市场和辅助服务市场；发挥负荷聚集商的负荷侧灵活调节能力，完善需求响应市场机制设计；发挥储能的快速调节能力，提升电力系统运行灵活性；建立抽水蓄能的成本补偿和容量成本回收机制，引导抽水蓄能参与市场交易。

三是建立跨区跨省灵活性调节资源互济的市场机制。建立和完善跨区跨省的灵活性调节资源交易机制，增强省间省内市场的衔接，通过跨省跨区连接互济抵消可再生能源的空间不确定性；促进短时电力交易同时在省内市场与区域市场组织，充分发挥跨区跨省联网对于新能源的消纳作用，扩大电力资源优化的范围。

8.1.2.3 提高系统容量充裕性的市场机制

一是从国际经验来看，保障发电容量充裕性的市场机制须与电力市场和社会经济发展相适应。稀缺定价机制适用于高电价风险承受力强的地区；容量补偿机制适用于电力市场发展初期；战略备用容量机制为缓解电力供应风险的过渡机制；容量市场适用于电能量市场发展已经相对完善的国家或地区。

二是从国内形势来看，初期可采用容量补偿机制起步，待市场基础完善后建立容量市场。初期，由政府测算和制定统一的容量价格，按照机组可用装机容量进行容量补偿，并向用户侧传导补偿成本。待市场基础完善后，以机组可用装机容量作为标的，建立集中竞价出清的容量市场，并向所有市场用户分摊容量市场成本。

8.1.2.4 绿色电力交易机制

一是绿色电力交易以绿色电力产品为主要交易标的。围绕绿色电力产品建立市场交易体系，纳入广大可再生能源发电商与各电压等级的终端用户，打通电力用户购买绿色电力的渠道，提供绿色电力的交易平台，通过市场机制满足电力用户购买绿色电力的需求，促进新能源消纳，逐步提升用电侧绿色电力消费比例。

二是统筹设计绿色电力参与市场的相关机制。鼓励绿色电力发电企业自愿参与绿色电力交易，通过市场化方式形成上网电价，交易电量不再纳入优先发电计划；建立年度优先安排、月度滚动调整的绿色电力全时序交易机制；绿色电力交易优先组织、优先安排、优先执行、优先结算。

三是完善绿色消费认证机制。对所有新能源发电量核发绿证，积极探索对水电发电量核发绿证；绿证数量按照绿色电力发电企业实际上网电量核发，随交易合同一并转移至用电侧；未能满足绿色电力需求及可再生能源电力消纳责任权重的售电企业、电力用户可向拥有富余绿证的市场主体购买绿证。

8.1.3 全国统一电力市场建设路径与措施

坚持以习近平新时代中国特色社会主义思想为指导，立足新发展理念、服务新发展格局，贯彻落实“四个革命、一个合作”能源安全新战略和“双碳”目标，服务新型电力系统构建，按照统一市场框架、统一核心规则、统一运营平台、统一服务规范，建设具有中国特色的竞争充分、开放有序、功能健全、机制完善的全国统一电力市场，充分发挥电力市场在促消纳、保平衡、提效率等方面的重要作用，满足我国经济社会高质量发展和能源电力清洁低碳转型需要。为建设全国统一电力市场，建议采用以下四步走的发展规划。

8.1.3.1 “十四五”近期阶段（2021—2022 年）：市场转型期（图 8.1）

在新能源交易机制方面，新能源消纳由全额保障性收购逐步向市场化转变，保障利用小时数之外电量逐步进入市场，引导新能源项目一定比例的预计当期电量通过市场化交易竞争上网，初步探索适应新能源消纳的市场机制；试点开展绿色电力交易，理顺绿证管理机制。

在市场架构方面，近期全国统一电力市场按照“统一市场、两级运作”进行组织，省间、省内“两级申报、两级出清”。省间交易组织出清后，形成的交易结果作为省内市场的边界条件。省内市场再行组织交易，满足省内用户用电需求。

在交易品种方面，以中长期交易为主、现货交易为补充；按需探索建立容量补偿机制；辅助服务以省内为主开展、省间辅助服务市场为补充，加快建设调

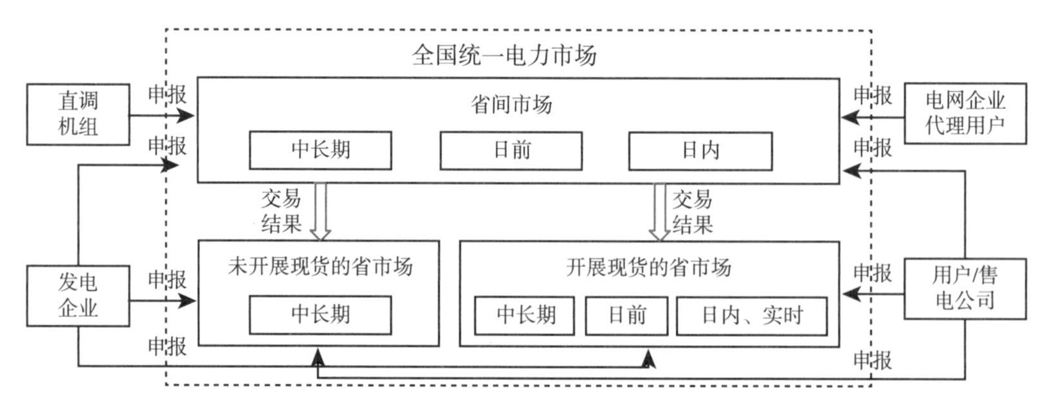

图 8.1 全国统一电力市场“十四五”近期阶段市场形态示意图

频、备用辅助服务市场，促进电力系统灵活性和容量充裕性提升，更好地接纳高比例可再生能源。

在市场主体方面，主要包括发电企业、电力用户、售电公司、电网企业等，采用发用双方共同参与的双边交易方式；逐步引入需求侧资源、虚拟电厂、储能等新兴主体参与市场交易；省间交易中购电省初期以电网公司为主，采用点对网、网对网交易模式。

8.1.3.2 “十四五”中期阶段（2023—2025 年）：市场提升期（图 8.2）

在新能源交易机制方面，逐步降低新能源保障利用小时数，提高市场消纳比例；完善新能源与常规能源之间的替代机制；构建新能源与需求侧市场化交易机制；探索分布式发电市场化交易试点；扩大绿色电力市场范围和规模，开展统一的可再生能源电力超额消纳量与绿证交易。

在市场架构方面，中期全国统一电力市场按照“统一市场、两级运作”进行组织，探索具备条件的地区形成区域一体化市场，整体作为交易单元替代省内市场参与全国统一电力市场；省间、省内（区域）“两级申报、两级出清”衔接机制逐步健全，具备条件的省份（区域）实现“统一申报、两级出清”，即在省间、省内市场采用统一市场主体，先在省间平台形成省间交易结果，再在省内平台进行出清；直调机组作为特殊交易单元参与全国统一电力市场。

在省间市场方面，进一步完善省间中长期交易机制，全面开展标准化的分时段电力曲线交易，支持各类方式、全周期的中长期交易；扩大考虑省间主要输电线路及断面 ATC 的省间集中优化出清范围；省间现货市场交易机制更加健全，推动省间现货与区域调峰辅助服务市场逐步融合；跨省区交易逐步实现规范统一运作，形成完整的省间市场。

在省内市场方面，省内中长期交易机制进一步完善，全面落实“六签”要

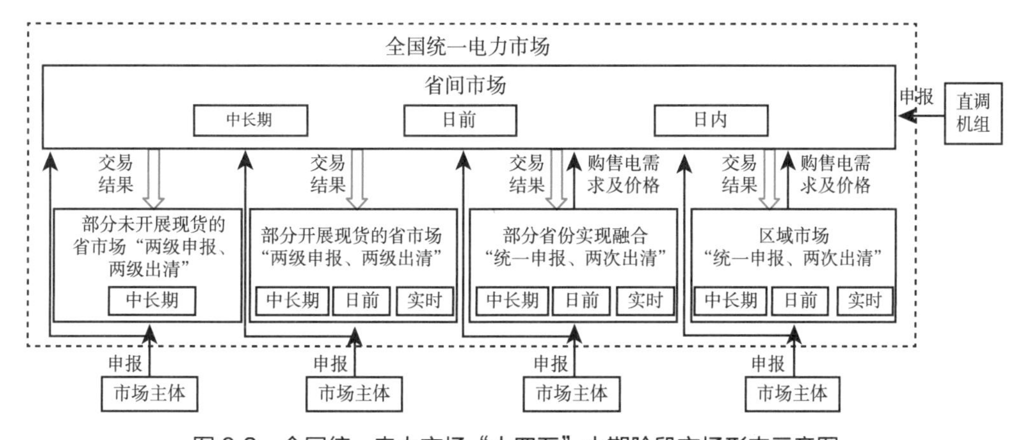

图 8.2 全国统一电力市场“十四五”中期阶段市场形态示意图

求，开展带曲线中长期交易，实现连续运营；现货市场实施范围进一步扩大，推动用户侧采用“报量报价”方式参与现货市场；进一步推动批发和零售市场协同运行，完善电网企业保底供电机制，探索保底供电额外损益的补偿疏导机制。

在交易品种方面，进一步丰富交易品种，探索建立容量市场；创新细化辅助服务交易品种设计，探索更大范围内的辅助服务资源共享和互济；探索建立适应统一电力市场的需求响应交易，以市场化手段引导各类市场主体协同参与；探索电力市场和碳市场衔接机制。

在市场主体方面，扩大需求侧资源、虚拟电厂、储能等新兴主体参与市场交易的范围，具备条件的省份（区域）用户通过“统一申报”参与省间市场。

8.1.3.3 “十五五”阶段（2026—2030 年）：市场融合期（图 8.3）

在新能源交易机制方面，逐步取消新能源政策性保障利用小时数，促进新能源充分消纳和资源大范围优化配置的电力市场机制进一步完善；新能源根据自身特点参与电能量、辅助服务等市场；绿色电力市场与绿证市场实现全覆盖，深化绿证市场与统一电力市场的衔接机制，市场主体完成消纳责任的方式更加灵活，市场成为引导新能源建设和消纳的主要手段；构建适应风光水火储一体化的送端系统灵活资源优化配置技术，开展以新能源为主体电力系统典型发展场景、电网承载能力等关键技术研究和高灵活性的市场技术支持系统建设。

在市场架构方面，全国统一电力市场逐步由“两级运作”向“一级运作”过渡，省间交易壁垒逐步打开，省间和省内交易逐步融合，实现从市场机制到软硬件接口统一标准、协同运行，形成“统一申报、两级出清”。

在省间市场方面，省间中长期交易机制成熟完善、按日连续开市，全面实现计及 ATC 的省间多通道集中优化出清；省间现货常态化运行。

在省内市场方面，省内中长期交易机制成熟完善、按日连续开市；现货交易

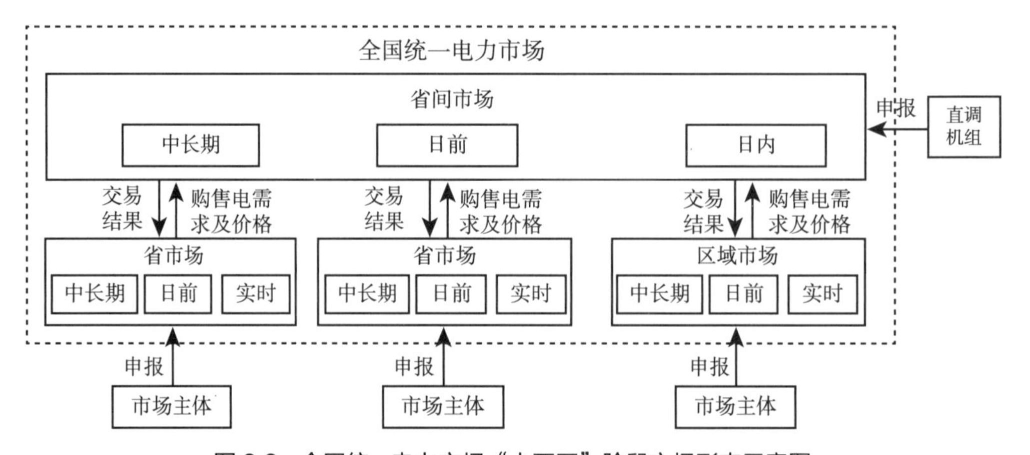

图 8.3　全国统一电力市场“十五五”阶段市场形态示意图

范围逐渐扩展到全国，交易机制逐步完善；创新零售市场交易机制，培育良好的零售市场生态圈，完善电力批发和零售市场协同运行机制，依托信息化、数字化手段，推动市场模型向配网延伸，探索开展局部零售市场向批发市场融合，电网企业保底供电额外损益的补偿疏导机制逐步完善。

在交易品种方面，建设适应新能源为主体的新型电力系统需要、提升电力系统长期和短期调节能力的市场机制；丰富辅助服务交易品种，逐步引入爬坡类产品、系统惯性服务、无功支撑服务等辅助服务交易品种，逐步实现现货市场与调峰辅助服务市场的融合；推动建立容量市场机制，按照多年、年度、月度等开展容量交易；探索建立适应统一电力市场的输电权交易，推动跨区跨省输电容量合理分配；探索建立适应新能源发电不确定性的金融交易品种和避险工具；需求侧资源广泛参与市场交易，适应统一电力市场的需求响应交易机制基本完善；逐步建立统一电力市场和碳排放权交易市场衔接机制。

在市场主体方面，新兴主体参与市场机制逐步健全，逐步实现分布式能源、储能、电动汽车、可控负荷及其相互组成的虚拟电厂单元等新兴主体的主动参与，不断扩大参与规模；市场主体通过统一报价实现同时参与省间、省内市场。

8.1.3.4 远期（2030 年以后）：市场成熟期（图 8.4）

在新能源交易机制方面，新能源全部通过市场进行消纳，灵活参与电能量、辅助服务等市场，适应高比例新能源接入的市场交易机制成熟完善，电能价值、绿色价值、容量价值、安全稳定价值通过市场充分体现。

在市场架构方面，全国统一电力市场实现“一级运作”，省间、省内市场融合程度进一步加深，实现“统一申报、统一出清”；对于中长期及日前（日内）现货交易，全国范围内各省（区域）购、售电需求及价格统一在全国统一电力市场平台申报，开展全面考虑电网安全约束的集中优化出清，统一开展实时平衡市

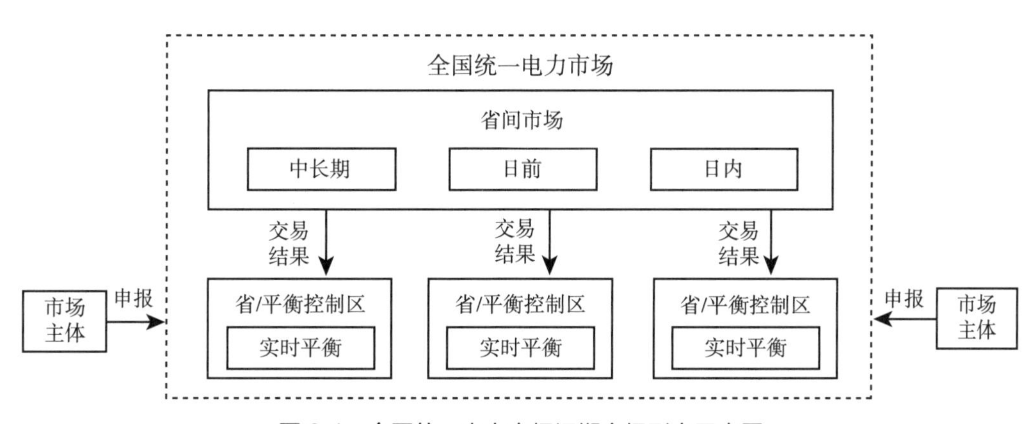

图 8.4 全国统一电力市场远期市场形态示意图

场；依托“互联网+”带来的信息对称和精准匹配，引入数据驱动下的能源市场基础理论与机制创新，基于激励相容、价格驱动、分散决策、递进优化等理论，完善构建与综合能源系统相融合的统一电力市场交易体系；引入基于区块链的分布式电力与绿证交易、碳市场协同交易与结算技术，建立可信任的电力与碳信息生态系统；建立电力市场数字孪生平台。

在交易品种方面，形成包括电能量、容量、辅助服务、金融衍生品、输电权等交易品种的完备市场体系；完善统一电力市场和碳排放权交易市场的衔接机制；逐步实现其他电力金融衍生品与统一电力市场的衔接；建立多能互补交易机制，全面提升能源供给与需求的弹性。

在市场主体方面，各类市场主体大量涌现，可依据自身需求，合理选择不同交易品种、交易周期进行交易；部分优先购电用户主动参与市场，保底供电服务体系健全，构建多商业模式融合发展的市场生态圈；电力批发与零售市场高度融合，各类市场主体通过分布式交易聚合平台等方式参与统一电力市场，获得灵活便捷的购售电服务；打破生产、消费界限，激励生产与消费融合，完善不同类型市场主体耦合参与统一电力市场机制；建立基于互联网的微平衡市场交易体系，鼓励个人、家庭、分布式能源等小微用户灵活自主地参与能源市场；深化分布式能源、储能、电动汽车、氢燃料发电等调节性资源和虚拟电厂等需求侧资源参与程度，全社会各类调节资源灵活参与电力市场，打造源网荷储共同促进高比例新能源消纳的市场格局。

8.2 电碳联合市场机制

8.2.1 碳市场的发展现状和趋势

中国积极应对气候变化，探索利用市场机制促进碳减排。2011 年 10 月，中国在北京、天津、上海、重庆、湖北、广东 6 省市开展碳交易试点工作。2017 年 12 月，《全国碳排放权交易市场建设方案（发电行业）》发布，全国碳市场正式启动。2020 年 12 月，生态环境部公布《全国碳排放权交易管理办法（试行）》，全国碳市场首个履约周期启动。全国碳排放权交易市场按照基础建设期、模拟运行期和深化完善期三个阶段推进，2021 年 7 月 16 日启动上线交易，首日均价 51.23 元/吨。全国碳市场共纳入 2225 家发电企业及自备电厂，覆盖全国碳排放总量近 30%。

在覆盖行业方面，逐步从单一行业扩展到多行业。初期，仅发电单个行业纳入，未来将拓展至多个行业，包括石油加工及炼焦业、化学原料和化学制品制造业、非金属矿物制品业、黑色金属冶炼和压延加工业、有色金属冶炼和压延加工业、造纸和纸制品业、民航业等行业中年综合能耗达到1万吨标准煤的企业。

在配额分配方面，逐步增加有偿分配的比重。发电行业的配额分配，采用基于实际发电量和供电量的行业基准线法，初期绝大部分配额将免费获得。未来将适时引入有偿分配，并逐步提高有偿分配的比例。

在交易模式方面，逐步丰富交易品种和交易方式。在碳排放配额现货市场基础上，推动碳金融衍生品市场创新发展，推出碳期货、碳期权等碳金融产品，有效发挥市场机制在“双碳”目标中的作用。

在参与主体方面，逐步引入更多机构投资者。初期交易主体以控排企业为主，逐渐纳入更多投资机构、投资者，增加市场流动性。近期，初步建成全国性碳市场，纳入重点行业。中期，碳市场覆盖范围进一步扩大，覆盖主要碳排放行业。远期，形成全国性的碳交易市场，实现与电力市场的有效衔接和良好互动。

8.2.2 电碳联合市场的发展现状和趋势

全国碳市场率先从发电企业起步，碳交易的开展将对电力行业产生深刻影响。短期来看，对企业碳减排提出严格要求，促使转变发展理念和管理方式，主动适应和参与碳市场，提升碳资产管理水平，加速低碳转型发展。中长期来看，利用市场机制激励电力企业节能减排，加强低碳技术研发和投资，推动可再生能源等清洁能源发展进程，助力实现“双碳”目标。

一是增加火电企业生产经营成本，促使火电企业加大力度推进碳减排。全国碳市场初期，配额分配不会过紧，短期对火电行业整体影响较小。中长期来看，碳中和目标下配额总量加快收紧，有偿拍卖比例上升，火电企业整体经营成本会有较大幅度增加。

二是改变火电企业在电力市场中的决策边界，进而影响电网运行。火电企业将因为成本抬升或碳排放配额受限等原因，调整其参与电力市场的交易策略，市场出清结果将发生变化，进而对电网调度运行产生影响。

三是进一步体现绿色电力价值、激发绿色电力需求，从而推动可再生能源进入电力市场步伐。碳排放成本的增大将进一步凸显绿色电能价值，用户对购买绿色电力的需求显著增长，可再生能源在市场中将获得更多发电量和收益，从而加速可再生能源放开参与市场交易的进程。

8.2.3 新型电力系统中电碳联合市场发展建议

一是加快研究碳市场与电力市场的协同发展机制。考虑碳市场与电力市场运行协同关系，进行碳交易市场机制的框架性设计，对参与碳交易的组织主体、参与主体与组织方式进行明确。电－碳市场以气候与能源协同治理为方向，能够将相对分散的气候与能源治理机制、参与主体进行整合，实现目标、路径、资源等高效协同，有效解决当前两个市场单独运行存在的问题，提供科学减排方案与路径，激发全社会主动减排动力。

二是在碳市场配额总量和分配过程中充分考虑电力行业特点。电力行业开展碳交易的根本立足点是促进电力行业可持续发展。要深入结合国内不同区域及不同产业类型特点，设置合理的碳排放总量控制目标和配额分配方式，初期配额分配不宜过紧，在促进电力行业发展的同时实现预定的减排目标。

三是建立碳价与电价的联动机制。电力市场和碳市场需要在市场范围、市场空间和价格机制等方面加强协同。在发电侧，发电成本与碳排放成本共同形成电碳－产品价格，通过价格动态调整不断提升清洁能源市场竞争力，促进清洁替代。考虑碳成本可通过电力市场传递到用户侧，研究建立区域碳市场价格与电价联动机制，将碳成本通过电力市场传递到用户侧，增加适当的宏观调控手段，在满足社会发展需求的同时促进减排。

四是确保碳市场与其他绿色交易品种协调。电力行业已经或即将开展排污权交易、发电权交易、节能量交易、可再生能源配额交易、用能权交易等多种绿色交易，碳交易与各类绿色交易需要在政策、交易及关键技术等方面协同，建立高效协同的节能减排管理机制，帮助企业以较低的成本实现节能减排目标。

参考文献

[1] 康重庆，杜尔顺，张宁，等. 可再生能源参与电力市场：综述与展望[J]. 南方电网技术，2016，10（3）：16-23，2.

[2] 丁一，谢开，庞博，等. 中国特色、全国统一的电力市场关键问题研究（1）：国外市场启示、比对与建议[J]. 电网技术，2020，44（7）：2401-2410.

[3] 夏清，陈启鑫，谢开，等. 中国特色、全国统一的电力市场关键问题研究（2）：我国跨区跨省电力交易市场的发展途径、交易品种与政策建议[J]. 电网技术，2020，44（8）：2801-2808.

[4] 曾丹，谢开，庞博，等. 中国特色、全国统一的电力市场关键问题研究（3）：省间省内电力市场协调运行的交易出清模型[J]. 电网技术，2020，44（8）：2809-2819.

[5] 陈启鑫，刘学，房曦晨，等. 考虑可再生能源保障性消纳的电力市场出清机制[J]. 电力系统自动化，2021，45（6）：26-33.

[6] 姚星安，曾智健，杨威，等. 广东电力市场结算机制设计与实践[J]. 电力系统保护与控

制，2020，48（2）：76–85.

［7］陈启鑫，房曦晨，郭鸿业，等. 电力现货市场建设进展与关键问题［J］. 电力系统自动化，2021，45（6）：3–15.

［8］张翔，陈政，马子明，等. 适应可再生能源配额制的电力市场交易体系研究［J］. 电网技术，2019，43（8）：2682–2690.

［9］陈启鑫，房曦晨，郭鸿业，等. 储能参与电力市场机制：现状与展望［J］. 电力系统自动化，2021，45（16）：14–28.

［10］李嘉龙，陈雨果，刘思捷，等. 考虑碳排放成本的电力市场均衡分析［J］. 电网技术，2016，40（5）：1558–1563.

［11］包铭磊，丁一，邵常政，等. 北欧电力市场评述及对我国的经验借鉴［J］. 中国电机工程学报，2017，37（17）：4881–4892，5207.

［12］郭鸿业，陈启鑫，夏清，等. 电力市场中的灵活调节服务：基本概念，均衡模型与研究方向［J］. 中国电机工程学报，2017，37（11）：3057–3066.

［13］马子明，钟海旺，谭振飞，等. 以配额制激励可再生能源的需求与供给国家可再生能源市场机制设计［J］. 电力系统自动化，2017（24）：14.

［14］刘永奇，邹鹏，燕争上，等. 山西电力调频市场机制设计与运营实践［J］. 电力系统自动化，2019，43（16）：175–182.

［15］陈启鑫，张维静，滕飞，等. 欧洲跨国电力市场的输电机制与耦合方式［J］. 全球能源互联网，2020，3（5）：423–429.

［16］郑亚先，杨争林，冯树海，等. 碳达峰目标场景下全国统一电力市场关键问题分析［J］. 电网技术，2022，46（1）：1–20.